智能制造系列教材

# 虚拟仿真技术与应用

VIRTUAL SIMULATION TECHNOLOGY
AND APPLICATIONS

张和明　编著

清华大学出版社
北京

版权所有,侵权必究。举报:010-62782989,beiqinquan@tup.tsinghua.edu.cn。

**图书在版编目(CIP)数据**

虚拟仿真技术与应用 / 张和明编著. -- 北京：
清华大学出版社,2024.11.--(智能制造系列教材).
ISBN 978-7-302-67557-0

Ⅰ. TP391.9

中国国家版本馆 CIP 数据核字第 2024ZU2747 号

责任编辑：刘　杨
封面设计：李召霞
责任校对：欧　洋
责任印制：刘海龙

出版发行：清华大学出版社
  网　　址：https://www.tup.com.cn,https://www.wqxuetang.com
  地　　址：北京清华大学学研大厦 A 座　　邮　编：100084
  社 总 机：010-83470000　　邮　购：010-62786544
  投稿与读者服务：010-62776969,c-service@tup.tsinghua.edu.cn
  质量反馈：010-62772015,zhiliang@tup.tsinghua.edu.cn
印 装 者：小森印刷霸州有限公司
经　　销：全国新华书店
开　　本：170mm×240mm　　印　张：9.25　　字　数：189 千字
版　　次：2024 年 11 月第 1 版　　印　次：2024 年 11 月第 1 次印刷
定　　价：28.00 元

产品编号：090519-01

# 智能制造系列教材编审委员会

**主任委员**
  李培根  雒建斌

**副主任委员**
  吴玉厚  吴 波  赵海燕

**编审委员会委员**（按姓氏首字母排列）
|  |  |  |  |
|---|---|---|---|
| 陈雪峰 | 邓朝晖 | 董大伟 | 高 亮 |
| 葛文庆 | 巩亚东 | 胡继云 | 黄洪钟 |
| 刘德顺 | 刘志峰 | 罗学科 | 史金飞 |
| 唐水源 | 王成勇 | 轩福贞 | 尹周平 |
| 袁军堂 | 张 洁 | 张智海 | 赵德宏 |
| 郑清春 | 庄红权 |  |  |

**秘书**
  刘 杨

# 丛书序1
## FOREWORD

多年前人们就感叹,人类已进入互联网时代;近些年人们又惊叹,社会步入物联网时代。牛津大学教授舍恩伯格(Schönberger)心目中大数据时代最大的转变,就是放弃对因果关系的渴求,转而关注相关关系。人工智能则像一个幽灵徘徊在各个领域,兴奋、疑惑、不安等情绪分别蔓延在不同的业界人士中间。今天,5G的出现使得作为整个社会神经系统的互联网和物联网更加敏捷,使得宛如社会血液的数据更富有生命力,自然也使得人工智能未来能在某些局部领域扮演超级脑力的作用。于是,人们惊呼数字经济的来临,憧憬智慧城市、智慧社会的到来,人们还想象着虚拟世界与现实世界、数字世界与物理世界的融合。这真是一个令人咋舌的时代!

但如果真以为未来经济就"数字"了,以为传统工业就"夕阳"了,那可以说我们就真正迷失在"数字"里了。人类的生命及其社会活动更多地依赖物质需求,除非未来人类生命形态真的变成"数字生命"了,不用说维系生命的食物之类的物质,就连"互联""数据""智能"等这些满足人类高级需求的功能也得依赖物理装备。所以,人类最基本的活动便是把物质变成有用的东西——制造!无论是互联网、物联网、大数据、人工智能,还是数字经济、数字社会,都应该落脚在制造上,而且制造是其应用的最大领域。

前些年,我国把智能制造作为制造强国战略的主攻方向,即便从世界上看,也是有先见之明的。在强国战略的推动下,少数推行智能制造的企业取得了明显效益,更多企业对智能制造的需求日盛。在这样的背景下,很多学校成立了智能制造等新专业(其中有教育部的推动作用)。尽管一窝蜂地开办智能制造专业未必是一个好现象,但智能制造的相关教材对高等院校与制造关联的专业(如机械、材料、能源动力、工业工程、计算机、控制、管理……)都是刚性需求,只是侧重点不一。

教育部高等学校机械类专业教学指导委员会(以下简称"机械教指委")不失时机地发起编著这套智能制造系列教材。在机械教指委的推动和清华大学出版社的组织下,系列教材编委会认真思考,在2020年新型冠状病毒感染疫情正盛之时进行视频讨论,其后教材的编写和出版工作有序进行。

编写本系列教材的目的是为智能制造专业以及与制造相关的专业提供有关智能制造的学习教材,当然教材也可以作为企业相关的工程师和管理人员学习和培训之用。系列教材包括主干教材和模块单元教材,可满足智能制造相关专业的基础课和专业课的需求。

  主干教材,即《智能制造概论》《智能制造装备基础》《工业互联网基础》《数据技术基础》《制造智能技术基础》,可以使学生或工程师对智能制造有基本的认识。其中,《智能制造概论》教材给读者一个智能制造的概貌,不仅概述智能制造系统的构成,而且还详细介绍智能制造的理念、意识和思维,有利于读者领悟智能制造的真谛。其他几本教材分别论及智能制造系统的"躯干""神经""血液""大脑"。对于智能制造专业的学生而言,应该尽可能必修主干课程。如此配置的主干课程教材应该是本系列教材的特点之一。

  本系列教材的特点之二是配合"微课程"设计了模块单元教材。智能制造的知识体系极为庞杂,几乎所有的数字-智能技术和制造领域的新技术都和智能制造有关,不仅涉及人工智能、大数据、物联网、5G、VR/AR、机器人、增材制造(3D打印)等热门技术,而且像区块链、边缘计算、知识工程、数字孪生等前沿技术都有相应的模块单元介绍。本系列教材中的模块单元差不多成了智能制造的知识百科。学校可以基于模块单元教材开出微课程(1学分),供学生选修。

  本系列教材的特点之三是模块单元教材可以根据各所学校或者专业的需要拼合成不同的课程教材,列举如下。

♯课程例 1——"智能产品开发"(3 学分),内容选自模块:
- 优化设计
- 智能工艺设计
- 绿色设计
- 可重用设计
- 多领域物理建模
- 知识工程
- 群体智能
- 工业互联网平台

♯课程例 2——"服务制造"(3 学分),内容选自模块:
- 传感与测量技术
- 工业物联网
- 移动通信
- 大数据基础
- 工业互联网平台
- 智能运维与健康管理

♯课程例 3——"智能车间与工厂"(3 学分),内容选自模块:
- 智能工艺设计
- 智能装配工艺

- 传感与测量技术
- 智能数控
- 工业机器人
- 协作机器人
- 智能调度
- 制造执行系统(MES)
- 制造质量控制

总之,模块单元教材可以组成诸多可能的课程教材,还有如"机器人及智能制造应用""大批量定制生产"等。

此外,编委会还强调应突出知识的节点及其关联,这也是此系列教材的特点。关联不仅体现在某一课程的知识节点之间,也表现在不同课程的知识节点之间。这对于读者掌握知识要点且从整体联系上把握智能制造无疑是非常重要的。

本系列教材的编著者多为中青年教授,教材内容体现了他们对前沿技术的敏感和在一线的研发实践的经验。无论在与部分作者交流讨论的过程中,还是通过对部分文稿的浏览,笔者都感受到他们较好的理论功底和工程能力。感谢他们对这套系列教材的贡献。

衷心感谢机械教指委和清华大学出版社对此系列教材编写工作的组织和指导。感谢庄红权先生和张秋玲女士,他们卓越的组织能力、在教材出版方面的经验、对智能制造的敏锐性是这套系列教材得以顺利出版的最重要因素。

希望本系列教材在推进智能制造的过程中能够发挥"系列"的作用!

2021 年 1 月

## 丛书序 2
## FOREWORD

　　制造业是立国之本,是打造国家竞争能力和竞争优势的主要支撑,历来受到各国政府的高度重视。而新一代人工智能与先进制造深度融合形成的智能制造技术,正在成为新一轮工业革命的核心驱动力。为抢占国际竞争的制高点,在全球产业链和价值链中占据有利位置,世界各国纷纷将智能制造的发展上升为国家战略,全球新一轮工业升级和竞争就此拉开序幕。

　　近年来,美国、德国、日本等制造强国纷纷提出新的国家制造业发展计划。无论是美国的"工业互联网"、德国的"工业 4.0",还是日本的"智能制造系统",都是根据各自国情为本国工业制定的系统性规划。作为世界制造大国,我国也把智能制造作为推进制造强国战略的主攻方向,并于 2015 年发布了《中国制造 2025》。《中国制造 2025》是我国全面推进建设制造强国的引领性文件,也是我国实施制造强国战略的第一个十年的行动纲领。推进建设制造强国,加快发展先进制造业,促进产业迈向全球价值链中高端,培育若干世界级先进制造业集群,已经成为全国上下的广泛共识。可以预见,随着智能制造在全球范围内的孕育兴起,全球产业分工格局将受到新的洗礼和重塑,中国制造业也将迎来千载难逢的历史性机遇。

　　无论是开拓智能制造领域的科技创新,还是推动智能制造产业的持续发展,都需要高素质人才作为保障,创新人才是支撑智能制造技术发展的第一资源。高等工程教育如何在这场技术变革乃至工业革命中履行新的使命和担当,为我国制造企业转型升级培养一大批高素质专门人才,是摆在我们面前的一项重大任务和课题。我们高兴地看到,我国智能制造工程人才培养日益受到高度重视,各高校都纷纷把智能制造工程教育作为制造工程乃至机械工程教育创新发展的突破口,全面更新教育教学观念,深化知识体系和教学内容改革,推动教学方法创新,我国智能制造工程教育正在步入一个新的发展时期。

　　当今世界正处于以数字化、网络化、智能化为主要特征的第四次工业革命的起点,正面临百年未有之大变局。工程教育需要适应科技、产业和社会快速发展的步伐,需要有新的思维、理解和变革。新一代智能技术的发展和全球产业分工合作的新变化,必将影响几乎所有学科领域的研究工作、技术解决方案和模式创新。人工智能与学科专业的深度融合、跨学科网络以及合作模式的扁平化,甚至可能会消除某些工程领域学科专业的划分。科学、技术、经济和社会文化的深度交融,使人们可以充分使用便捷的软件、工具、设备和系统,彻底改变或颠覆设计、制造、销售、服务和消费方式。因此,工程教育特别是机械工程教育应当更加具有前瞻性、创新性、开放性和多样性,应当更加注重与世界、社会和产业的联系,为服务我国新的"两步走"宏伟愿景做出更大贡献,为实现联合国可持续发展目标发挥关键性引领作用。

需要指出的是,关于智能制造工程人才培养模式和知识体系,社会和学界存在多种看法,许多高校都在进行积极探索,最终的共识将会在改革实践中逐步形成。我们认为,智能制造的主体是制造,赋能是靠智能,要借助数字化、网络化和智能化的力量,通过制造这一载体把物质转化成具有特定形态的产品(或服务),关键在于智能技术与制造技术的深度融合。正如李培根院士在丛书序1中所强调的,对于智能制造而言,"无论是互联网、物联网、大数据、人工智能,还是数字经济、数字社会,都应该落脚在制造上"。

经过前期大量的准备工作,经李培根院士倡议,教育部高等学校机械类专业教学指导委员会(以下简称"机械教指委")课程建设与师资培训工作组联合清华大学出版社,策划和组织了这套面向智能制造工程教育及其他相关领域人才培养的本科教材。由李培根院士和雒建斌院士、部分机械教指委委员及主干教材主编,组成了智能制造系列教材编审委员会,协同推进系列教材的编写。

考虑到智能制造技术的特点、学科专业特色以及不同类别高校的培养需求,本套教材开创性地构建了一个"柔性"培养框架:在顶层架构上,采用"主干教材+模块单元教材"的方式,既强调了智能制造工程人才必须掌握的核心内容(以主干教材的形式呈现),又给不同高校最大程度的灵活选用空间(不同模块教材可以组合);在内容安排上,注重培养学生有关智能制造的理念、能力和思维方式,不局限于技术细节的讲述和理论知识的推导;在出版形式上,采用"纸质内容+数字内容"的方式,"数字内容"通过纸质图书中列出的二维码予以链接,扩充和强化纸质图书中的内容,给读者提供更多的知识和选择。同时,在机械教指委课程建设与师资培训工作组的指导下,本系列书编审委员会具体实施了新工科研究与实践项目,梳理了智能制造方向的知识体系和课程设计,作为规划设计整套系列教材的基础。

本系列教材凝聚了李培根院士、雒建斌院士以及所有作者的心血和智慧,是我国智能制造工程本科教育知识体系的一次系统梳理和全面总结,我谨代表机械教指委向他们致以崇高的敬意!

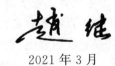

2021 年 3 月

# 前言
## PREFACE

仿真科学与技术是以建模和计算理论为基础,建立并利用模型,以计算机系统、物理效应设备或仿真器作为工具,对研究对象进行建模、分析、运行与评估的一门综合性交叉学科,已经成为理论研究、科学实验之后人类认识世界的重要方法。

仿真技术是以模型构建为基础,计算机仿真可以不受时空的限制,实现对物理系统的性能分析和设计评估,成本低、效率高,在许多复杂工程系统的分析和设计中应用越来越广泛,目前已成为复杂系统工程研制、设计分析、测试评估和技能训练的重要手段,在航空航天、先进制造、生物医学、能源交通、军事训练等关键领域,发挥着不可替代的作用。

近年来,5G、物联网、云计算、大数据、人工智能等新一代信息技术快速发展,人类社会将迎来以大连接、大数据和智能计算为特征的智能时代,越来越多的应用场景开始展现虚拟世界与现实世界、数字系统与物理系统的融合。在工业领域,信息技术与制造技术的深度融合,推动了以数字化、网络化、智能化为核心的智能制造技术及相关产业的发展。信息物理系统(cyber physical systems,CPS)是智能制造的核心要素,数字孪生(digital twin,DT)是目前智能制造技术领域的研究热点。通过构建一个与实物制造过程相对应的虚拟制造系统,可以实现产品研发、设计、试验、制造、服务过程的虚拟仿真,采用基于数字仿真的方式来优化制造系统,将软件定义、数据驱动、平台支撑更好地用于支撑物理系统的实际制造过程。智能制造是实体制造和虚拟制造的数字孪生和虚实融合,充分利用物理模型、传感器更新、运行历史等数据,在计算机虚拟空间建立与物理实体等价的信息模型,基于数字孪生体对物理实体进行仿真分析和优化,而建模与仿真是其关键的支撑技术。虚拟仿真在制造过程的应用涵盖复杂产品的设计研发、制造过程、服务运营的全流程。

在复杂系统的论证分析和大型装备研制过程中,基于模型的系统工程(model-based systems engineering,MBSE)是一种有效的方法,贯穿于复杂系统研制与开发的全生命周期,支持需求分析、系统设计、系统验证和技术管理活动。MBSE 实际上是系统工程与仿真技术的融合,在解决系统问题的不同阶段,都离不开建模与仿真技术的支持。

我们经常需要建立某个工业系统的数学模型,然后分析影响系统性能的关键参数，而当其机理不明确导致数学模型难以建立时，就不能用模型来分析，此时采用工业大数据技术可以建立它的黑箱模型。在仿真领域，大数据的问题一直存在。数据是仿真模型的关键要素，如产品对象数据、仿真环境数据、输入输出数据、仿真过程数据等，多数情况下系统建模过程需要机理建模与数据建模相结合。此外，大数据和人工智能技术也促进了仿真方法的发展。

智能制造是制造业数字化、网络化、智能化的发展过程，是新一代信息技术与先进制造技术的深度融合，是实体制造和虚拟制造的数字孪生。在智能制造系统中，"智能"的本质是广泛链接、实时感知与自学习能力的不断提升，是数字化技术的深入应用，充分利用系统建模、数据处理、仿真分析等手段，在计算机虚拟空间对制造系统进行状态监测和性能优化，而"制造"的本质是把虚拟变成现实。

本书作者长期从事智能制造与系统仿真领域的科研和教学工作。针对高等学校理工科类高年级大学生仿真模块单元的教学要求，根据作者的经验和体会，在内容选择上考虑到有限的教学学时数情况下，除了介绍仿真的基本概念、连续系统和离散系统建模与仿真的基础理论，书中内容还侧重于介绍智能制造领域的建模与仿真技术，并精选了制造业典型场景下系统建模与仿真应用。

由于作者的专业水平有限，书中难免存在不足，恳请读者给予批评指正。

本书得到国家重点研发计划课题（课题号：2022YFB3402002）和国家自然科学基金重点支持项目（项目号：U22A2047）支持。

张和明

2024年2月

# 目 录
CONTENTS

第1章 概论 ·················································································· 1
  1.1 仿真科学与技术发展的历程 ············································· 1
  1.2 计算机仿真技术的特点 ···················································· 2
  1.3 仿真技术在产品开发与制造过程中的应用 ························· 4
  1.4 系统仿真的热点问题与发展趋势 ······································ 7

第2章 系统仿真基础 ···································································· 10
  2.1 系统仿真的技术基础 ······················································ 10
  2.2 系统、模型与仿真 ························································· 12
    2.2.1 系统 ································································· 12
    2.2.2 模型 ································································· 14
    2.2.3 仿真 ································································· 17
  2.3 系统仿真的实现步骤 ······················································ 19

第3章 连续系统建模与仿真 ························································ 21
  3.1 基本概念 ········································································ 21
  3.2 集中参数连续系统 ························································· 21
    3.2.1 建模方法 ·························································· 21
    3.2.2 离散化数值计算 ·············································· 23
    3.2.3 数值积分法 ····················································· 25
    3.2.4 算法稳定性与误差 ·········································· 30
  3.3 分布参数连续系统 ························································· 32
    3.3.1 模型描述 ·························································· 32
    3.3.2 差分法 ······························································ 34
    3.3.3 线上求解法 ····················································· 35

第4章 离散事件系统建模与仿真 ················································ 37
  4.1 基本概念 ········································································ 37

4.2　离散事件系统建模 ………………………………………………………… 39
　4.3　离散事件系统仿真策略 …………………………………………………… 40
　4.4　服务台排队问题 …………………………………………………………… 45
　　4.4.1　排队系统的模型描述 ………………………………………………… 45
　　4.4.2　单服务台排队系统仿真 ……………………………………………… 47
　4.5　机修车间维修服务系统仿真实例 ………………………………………… 50

## 第5章　单领域仿真及应用 ……………………………………………………… 55
　5.1　模型表示与计算原理 ……………………………………………………… 55
　5.2　机械系统仿真 ……………………………………………………………… 56
　　5.2.1　机械领域仿真应用 …………………………………………………… 56
　　5.2.2　机械运动学、动力学仿真 …………………………………………… 58
　　5.2.3　多体系统仿真 ………………………………………………………… 59
　　5.2.4　案例分析 ……………………………………………………………… 64
　5.3　控制系统仿真 ……………………………………………………………… 67
　　5.3.1　仿真类型 ……………………………………………………………… 67
　　5.3.2　系统模型 ……………………………………………………………… 68
　　5.3.3　案例分析 ……………………………………………………………… 69

## 第6章　多领域协同仿真及应用 ………………………………………………… 72
　6.1　协同仿真产生的背景 ……………………………………………………… 72
　6.2　协同仿真机理 ……………………………………………………………… 73
　　6.2.1　耦合模型 ……………………………………………………………… 73
　　6.2.2　模型描述 ……………………………………………………………… 74
　　6.2.3　协同计算方法 ………………………………………………………… 74
　　6.2.4　协同仿真推进算法 …………………………………………………… 76
　6.3　基于接口的多领域CAE协同仿真 ………………………………………… 81
　6.4　分布式协同仿真 …………………………………………………………… 86
　6.5　典型应用案例 ……………………………………………………………… 91

## 第7章　智能制造系统中的仿真应用 …………………………………………… 98
　7.1　产品设计中的计算机仿真应用 …………………………………………… 98
　7.2　基于仿真的虚拟样机技术 ………………………………………………… 99
　7.3　复杂产品的协同仿真应用 ………………………………………………… 101
　7.4　生产系统建模与仿真应用 ………………………………………………… 109

**第 8 章　现代仿真技术的发展** …………………………………… 125

　　8.1　分布仿真环境 ………………………………………………… 125
　　8.2　复杂系统建模与仿真 ………………………………………… 126
　　8.3　数字孪生技术 ………………………………………………… 127

**参考文献** ………………………………………………………………… 129

# 第 1 章

# 概 论

## 1.1 仿真科学与技术发展的历程

仿真科学与技术是以建模和计算理论为基础,根据研究对象和研究目的,建立研究对象的系统模型,并以计算机系统、物理效应设备及仿真器为分析工具,对所研究的对象进行分析、设计、运行和评估的一门综合性交叉学科,已经成为与理论研究、实验研究并列的人类认识世界的重要方法,在航空航天、先进制造、生物医学、能源、交通、军事等关键领域,发挥着不可或缺的重要作用。

仿真技术几乎是伴随着计算机技术产生和发展的。由于仿真技术以模型构建为基础,为了突出建模的重要性,建模和仿真通常一起出现,即 modeling & simulation,缩写为 M&S。它的发展经历了如下阶段。

(1) 仿真技术的初级阶段。第二次世界大战后期,国外有关火炮控制与飞行控制动力学系统的研究孕育了仿真科学与技术。从 20 世纪 40 年代到 60 年代,国外相继研制成功了通用电子模拟计算机和混合模拟计算机,仿真技术在导弹和宇宙飞船姿态及轨道动力学研究、阿波罗登月计划及核电站中都得到了应用。由于仿真技术采用的工具是通用电子模拟计算机和混合模拟计算机,所以又称为模拟仿真阶段。

(2) 仿真技术的发展阶段。20 世纪 70 年代,随着数字仿真机的诞生,仿真科学与技术不但在军事领域迅速发展,而且应用到许多工业领域,比如培训飞行员的飞机训练模拟器、电站操作人员的仿真系统、汽车驾驶模拟器,以及复杂工业过程的仿真系统等,并相继出现了一些从事仿真设备和仿真系统开发的专业化公司,使仿真科学与技术进入了数字仿真阶段。

(3) 仿真技术的成熟阶段。20 世纪 90 年代,系统仿真的对象更加复杂,规模越来越大,在需求牵引和计算机网络技术的推动下,分布式仿真技术得到发展。为了更好地实现信息与仿真资源的共享,促进仿真系统的互操作和重用,在聚合级仿真、分布式交互仿真、并行交互仿真的基础上,仿真科学与技术开始向高层体系结构(high level architecture,HLA)方向发展,以实现多种类型仿真系统之间的互操作和仿真模型组件的重用。

（4）复杂系统仿真技术发展的新阶段。20世纪末期和21世纪初期,对众多领域复杂性问题进行科学研究的广泛需求进一步推动了仿真技术的发展。在计算机、网络、多媒体、数据处理、控制理论及系统工程等技术的发展与支持下,仿真科学与技术逐渐发展成为应用领域广泛的新兴交叉学科。

在实际应用方面,仿真技术最初主要应用于航空航天、原子反应堆等工程投资大、周期长、危险性高、实际系统试验难以实现的少数领域,后来逐步发展到电力、石油、化工、冶金、机械等主要工业部门,并进一步扩大至社会系统、经济系统、交通运输系统、生态系统等非工程系统领域。

我国仿真技术研究与应用的发展非常迅速。20世纪50年代,在运动控制领域最早采用基于方程建模和模拟计算机的数学仿真,同时自行研制的三轴模拟转台等半实物仿真试验开始应用于飞机、导弹等重要产品的工程研制中。20世纪70年代,我国训练仿真器获得了迅速发展,自行设计的飞行仿真器、舰艇仿真器、火电机组培训仿真系统、化工过程培训仿真系统、机车培训仿真器、坦克训练仿真器等相继研制成功,在操作人员培训方面起到了极大的作用。20世纪80年代,我国建设了一批高水平的半实物仿真系统,如鱼雷仿真系统、制导导弹仿真系统、歼击机操纵仿真系统等,在武器研制方面发挥了重要作用。20世纪90年代,我国开始对分布式交互仿真、战场对抗仿真、虚拟现实仿真、复杂系统协同仿真等先进仿真技术进行研究,其在军事、工程、制造领域获得了广泛的应用。

仿真科学与技术是在系统科学、控制科学、计算机科学等学科中孕育并在实际应用推动中发展而来,形成了独立的理论方法和技术体系。

目前,仿真科学与技术是世界发达国家十分重视的一门高新技术。例如,美国2018年12月修订生效的新版高等教育法,专门将建模和仿真作为一项重要内容列入其中,并使用大量篇幅阐明政府和社会应如何推动建模和仿真技术在大学教育中的普及。而在工业领域,建模和仿真也一直发挥着不可替代的作用。我国仿真科学与技术专业人才匮乏,鉴于仿真技术对于智能制造时代未来工业领域的重要性,应鼓励有条件的院校设立仿真学科或开设仿真技术类课程,积极培养仿真领域的专业人才,加快我国自主可控仿真软件的发展步伐,适应我国未来工业和社会领域对仿真科学与技术各类应用领域的发展需求。

## 1.2　计算机仿真技术的特点

计算机仿真技术是以计算机为工具,以相似原理、信息技术及各种相关领域技术为基础,根据系统试验的目的建立系统模型,并在不同条件下对模型进行动态运行试验的一门综合性技术。计算机仿真成本低、效率高,应用领域越来越广泛,目前已成为复杂系统设计、分析、测试、评估、研制和技能训练的重要手段。

在计算机仿真中,尽管其系统模型的建立方法与数学方法中模型的建立原则基本相同,但随后还需要设计仿真模型、编制仿真程序并实施仿真试验,借助计算机软件平台进行高性能的模型求解运算和仿真系统逻辑判断,从而获得系统仿真的结果。早期的仿真手段主要是物理仿真(或称实物模拟),采用的模型是物理模型或实物试验模型,但若为仿真系统构造物理模型,尤其是对于复杂系统而言,则构造难度大、周期长、投资也较高。此外,通过物理模型做试验,很难修改其中的参数,而改变系统结构就更加困难。

随着计算机软硬件技术的发展,现阶段的计算机仿真技术以计算机为基础设备,在网络、多媒体等技术支持下,通过友好的人机界面构造计算机仿真系统。计算机仿真的目的在于:在系统研制前的规划、设计、分析和评估阶段,通过系统建模与仿真分析可以评价系统某些方面的性能,分析系统各部分或各分系统之间的相互影响,以及某些关键参数对系统整体性能的影响,从中比较各种设计方案,以获取最优结果。

计算机仿真以建模理论和数值计算为基础,可不受时空限制,利用模型和高性能计算技术,实现对物理系统的性能分析和设计评估。计算机仿真具有如下特点。

(1) 模型参数多次调整。仿真系统的模型参数可根据系统分析的实际需要进行多次调整、设置,以获取复杂系统在各种不同参数条件下的仿真分析结果。计算机仿真可通过改变模型参数获取最佳性能分析结果,无须依赖物理样机进行反复修改。

(2) 仿真环境虚拟化。计算机仿真具有数字化、虚拟化、协同化的技术特点,便于协作,在同一产品模型上进行异地协同工作。同时,可以利用虚拟现实技术,在多维信息空间上创建一个虚拟环境,使仿真系统具有沉浸感和真实感。

(3) 仿真结果直观展示。借助计算机软件工具,计算机仿真的结果可通过图形图像进行直观展现。而仿真结果的准确性主要取决于模型的合理性和仿真计算的精度,根据仿真计算的结果,人们可以在较短时间内获取研究对象和研究方案评估的合理性。

(4) 仿真实验过程成本低、实验分析结果充分。由于计算机仿真是在计算机虚拟环境下模拟现实系统的运行过程,可以任意进行参数调整,通过仿真实验可得到大量的复杂系统性能分析数据和曲线,其优点体现为仿真实验过程低成本,实验方案调整灵活,实验分析结果充分。

下列情形更适合采用基于模型的计算机仿真。

(1) 系统尚处于研制和设计阶段,实际的系统尚未真正建立,此时无法进行实际系统的试验。有时即使已经具备了实际系统,在实际系统中做试验可能会破坏系统的结构或无法复原,且在实际系统中做试验时,一般需要设置不同的外部约束条件,进行多次反复试验,才能获得不同条件下的试验结果,带来试验时间过长且试验费用过高的后果。

(2) 对于复杂系统而言,为了获得整体性能的最优化,通常需要对系统的结构和参数反复进行修改和调整,而复杂工程系统的试验过程时间跨度较长,如果希望在较短时间内观测到系统的演化过程及某些重要参数对系统性能的影响,则可通过计算机仿真人为控制系统仿真时间的长短。

(3) 有些复杂工程系统试验难度大、危险性高(如载人航天飞行器),有些非工程系统难以直接进行试验研究(如社会、经济系统),有些系统对于人类可望而不可即、更难在实际环境中试验(如天体系统),而计算机仿真试验则可在给定的边界条件下,推演出此类系统的变化趋势,为人们提供比较可靠的依据。

## 1.3 仿真技术在产品开发与制造过程中的应用

仿真技术在复杂产品的规划、设计、分析、制造及运行等各个阶段,都发挥着重要的作用。

1) 仿真技术在产品设计与开发中的应用

复杂产品开发过程通常可以被分解为概念设计、初步设计和详细设计等若干阶段。在每个阶段,仿真技术均可提供强有力的支持。例如,在可行性论证阶段,可以对各种方案进行比较分析,发现不同方案的优缺点。在系统设计阶段,设计人员可以利用仿真技术建立系统模型,进行模型试验、模型简化和优化设计。系统设计中经常涉及新的设备、部件或控制装置,此时可以利用仿真技术进行分系统仿真试验,即系统的一部分采用实际部件,另一部分采用模型,这样可以事先在仿真系统上进行细致的分系统试验,避免由于新的子系统接入对原有系统造成影响,大大节省实际系统的调试时间,提高系统投入的一次成功率。

仿真技术是验证和优化产品设计的重要手段。在产品设计阶段,设计人员在建立三维数字化模型的基础上,利用仿真技术进行虚拟产品开发,如整机的动力学分析、运动部件的运动学分析、关键零件的热力学分析等,开展模型试验分析和优化设计。随着产品复杂程度的不断提高,利用仿真与虚拟现实技术,在高性能计算机及高速网络的支持下,通过模型模拟和预测产品功能、性能及可加工性等方面存在的问题。计算机仿真技术为产品的设计和开发提供了强有力的工具和手段,已经逐步从局部应用扩展到全面的系统应用。

2) 仿真技术在复杂系统分析中的应用

复杂产品开发是一项复杂的系统工程。在实际工程应用中,若要对复杂系统进行分析,就需要对系统进行试验,通过试验了解系统的结构性能及其内部发生的活动变化,从而实现对系统的正确评估。通常有两种试验方案:一种是直接在实际系统上进行试验,如飞机试飞、机车试车、汽车路试等,通过试验发现设计或制造中的技术或工艺问题,以便在正式投产或系统投入运行之前进行改进;另一种是根据实际系统构造模型,再对模型进行仿真试验和系统分析。

尽管在实际系统上进行试验在许多情况下是不可或缺的,但由于以下原因,仿真试验与分析方法的应用变得越来越普遍:在实际系统上进行试验会破坏系统的正常运行;由于受各种客观条件的限制,实际系统难以按预期的要求改变参数,或者满足不了所需的试验条件;在实际系统上进行试验时,很难保证每次的试验条件都相同,这也给系统方案优劣性的判断和评价带来困难;试验后原有系统无法复原,或试验时间过长、费用过高等。

3) 仿真技术在产品制造过程中的应用

在制造过程中,借助计算机仿真技术实现数字化虚拟制造,在产品设计阶段就可以对整机进行可制造性分析、生产线仿真、数控加工过程仿真等,设计人员可使用虚拟的制造环境进行基于数字化模型的设计、加工、装配、操作等检验,而不依赖于传统原型样机的反复修改。例如,在数控加工环节,数控机床程序正式使用前需进行刀具轨迹检验,对于复杂的加工过程还需进行进一步的精确检验。利用数控加工仿真工具可模拟真实的机床加工过程,对整个加工过程中运动的物体进行碰撞检测,从而发现加工程序中的错误,还能及时估算加工时间,以便制订详细的生产计划。

4) 仿真技术在复杂产品虚拟样机开发中的应用

目前,单领域仿真在产品设计中被广泛采用,并研发出了很多成熟的单领域仿真软件,这些软件已广泛应用于产品开发过程,比如有限元分析、多体动力学、控制分析、生产过程等,可分别对动力学、热力学、控制系统和生产线等过程进行仿真分析。产品复杂性的提高使多领域协同仿真技术开始受到企业关注。仿真技术在产品设计过程中的应用变得越来越广泛而深入,正在由单点单领域仿真向覆盖产品全生命周期的多领域协同仿真发展,虚拟样机(virtual prototyping,VP)技术正是这一发展趋势的典型代表。

虚拟样机是产品多领域数字化模型的集合体,包含真实产品的所有关键特征。基于虚拟样机的产品设计过程可以开发和展示产品的各种方案,评估用户的需求,提前对产品的被接受程度进行检查,提高产品设计的自由度;快速方便地将工程师的想法展示给用户,在产品开发早期测试产品的功能;减小出现重大设计错误的可能性;利用虚拟样机进行产品全方位的测试和评估,可以避免重复建立物理样机。图1-1为虚拟样机的三个组成要素:仿真模型、CAD模型和虚拟环境模型。

虚拟样机技术是一种基于产品模型的数字化设计方法,是各领域CAX/DFX技术的发展和延伸。在多个产品开发组协同设计环境中,分布在不同地点、不同部门的专业人员围绕逼真的虚拟原型,从不同角度、不同需求出发,对虚拟原型进行测试、仿真和评价,并进行改进和完善。采用虚拟样机可以代替物理样机对产品进行创新设计、测试和评估,以确保在产品设计开发的早期消除设计隐患,提高产品设计质量,缩短产品开发时间,提高面向客户和市场的需求能力。复杂产品的虚拟

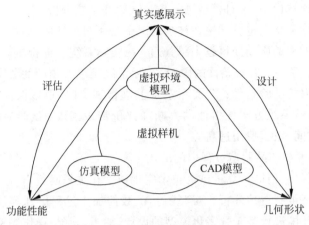

图 1-1　虚拟样机的组成要素

样机开发模式如图 1-2 所示，虚拟样机技术正成为企业有效研究、设计复杂产品的重要手段。

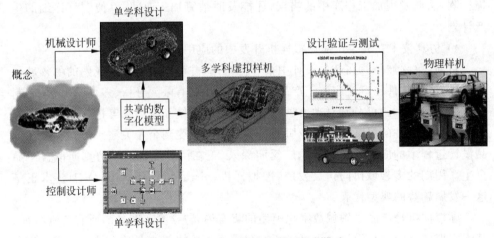

图 1-2　复杂产品的虚拟样机开发模式

5）仿真技术在复杂系统操作训练中的应用

一般情况下，凡是需要熟练人员进行操作、控制、管理与决策的实际系统，都需要对这些人员进行训练、教育与技能培养。早期的训练大多是在实际系统或设备上进行的。随着系统规模的扩大、复杂程度的提升及造价的日益提升，训练过程中必须避免因操作不当引起的系统破坏。为解决这些问题，需要建立这样的系统，使其既能模拟实际系统的工作状况和运行环境，又能避免采用实际系统可能带来的危险性及高昂代价，这就是操作训练仿真系统。

操作训练仿真系统是利用计算机并通过运动设备、操纵设备、显示设备、仪器仪表等复现所模拟的对象行为，并模拟与之适应的工作环境，从而成为训练操纵、控制或管理这类对象的专门人员的模拟系统。例如,用于电厂运行人员操作训练的电厂训练仿真器,用于飞机起落和飞行训练的飞行模拟器。

由此可见,仿真技术在复杂产品开发中的应用越来越广泛。但我们应该认识到,仿真结果很大程度上取决于仿真模型的精度,建立真正能够取代物理样机的仿真模型,需要经验和积累;在某些领域,由于认知水平有限,无法建立实用的仿真模型。大多数仿真软件虽然功能强大,但要求具备较强的专业知识。目前,专业仿真人员的匮乏限制了仿真应用的推广。仿真技术若能够真正在产品设计中发挥作用,为企业带来可观的经济效益,需要在长期使用中积累丰富的仿真模型和技术经验。

## 1.4 系统仿真的热点问题与发展趋势

仿真技术在许多复杂工程系统的分析和设计中逐渐成为不可缺少的工具。进入 21 世纪以来,仿真技术已逐步形成了一套综合性的理论和技术体系,正向着以"数字化、虚拟化、网络化、智能化、服务化、普适化"为特征的方向发展。

1) CPS 环境下制造系统建模与仿真

智能制造是当今制造业的发展趋势和产业升级的主要途径。近年来,5G 技术、物联网、云计算、大数据、人工智能等正在推进新一轮信息产业的技术发展,人类社会将迎来以大连接、大数据和智能计算为特征的智能时代,为智能制造提供了基础条件和发展空间。

CPS 将成为先进制造业的核心支撑技术。CPS 的目标是实现物理世界和信息世界的交互融合,通过大数据分析、人工智能等新一代信息技术在虚拟环境中的仿真分析和性能预测,驱动物理世界的优化运行。在智能制造领域,CPS 通过构建一个与实物制造过程相对应的虚拟制造系统,实现产品研发、设计、试验、制造、服务的虚拟仿真,由传统生产制造过程以"试错法"为主体的方式提升为基于数字仿真的方式,以优化制造过程。在 CPS 技术与系统的支持下,以数据驱动、软件定义、平台支撑更好地支撑物理系统的实际制造过程,无论是产品、设备,还是工艺流程,都将以数字孪生的形态出现,虚拟仿真在制造过程中的应用将涵盖复杂产品的设计研发、制造过程及服务运营的全流程。

近年来,炙手可热的"数字孪生"技术背后的核心问题之一是建模与仿真技术。数字孪生体是指计算机虚拟空间存在的与物理实体完全等价的信息模型,可以基于数字孪生体对物理实体进行仿真分析和优化。它充分利用物理模型、传感器更新、运行历史等数据,集成多学科、多物理量、多尺度的仿真过程,在虚拟空间中完成映射,从而反映相应实体装备的全生命周期过程,建模与仿真是其关键的支撑技术。智能制造中的数字化、网络化和智能化是实体制造和虚拟制造的数字孪生和虚实融合。

2) 网络化仿真技术

网络化仿真技术泛指以现代网络技术为支撑实现复杂系统的模型构建、仿真运行、试验验证、分析评估等活动的一类技术。它起始于分布交互仿真技术，经历了 SIM-NET、DIS、ALSP 和 HLA 等几个典型发展阶段。随着仿真需求、系统建模和各种仿真支撑技术，特别是 Internet、Web Service、网格计算等网络技术的发展，其技术内涵和应用模式也得到不断地丰富和扩展。

网格技术的核心是解决网络上各种资源（如计算资源、存储资源、软件资源、数据资源等）的动态共享与协同应用。网格与仿真的结合为各类仿真应用对仿真资源的获取、使用和管理提供了巨大空间。同时，它以新的理念和方法为仿真领域中诸多挑战性难题的解决提供了技术支撑，如仿真应用的协同开发，仿真运行的协调、安全和容错，模型和服务的发现机制，仿真资源管理机制，资源监控和负载平衡等。

3) 基于 Agent 的仿真

20 世纪 90 年代 Agent 技术被提出，它已成为计算机与人工智能领域研究的热点。人们普遍认为，Agent 具有自治性、社会性、反应性。自治性是指 Agent 的行为是主动和自发的，或至少有一种这样的行为，Agent 有其自身的目标或意图，能对自身的行为做出规划。社会性是指单个 Agent 的行为必须遵循和符合 Agent 的社会规则，并能通过某种交互语言以合适的方式进行 Agent 之间的交互与合作。反应性是指 Agent 能感知其所处的环境，包括物理系统、人机交互或其他 Agent，并能及时做出响应。Agent 具有某种程度的智能，这是其区别于计算机领域"对象"概念的主要特点。

在仿真领域，面向 Agent 的仿真是研究热点之一，特别是基于多 Agent 系统（multi-agent system，MAS）的仿真被广泛应用于复杂系统的仿真中。

4) 数据与 AI 技术驱动的智能仿真

随着工业互联网的不断应用，以大数据分析为基础的技术发展将给工业领域带来显著变化。新一代信息技术促使制造业迈向数据驱动的新阶段，使工业生产全流程、全产业链、产品全生命周期的数据可以获取、分析和使用，更多地基于事实与数据进行决策。人工智能（artificial intelligence，AI）由不同的领域分支组成，如机器学习、计算机视觉等，其研究对象包括机器人、语言识别、图像识别、自然语言处理和专家系统等。目前，AI 中的"智能"仍然是以数据驱动的，机器系统获得智能的方式是依靠大数据和智能算法。

在仿真领域，大数据问题一直存在，在整个仿真运行的迭代计算过程中，每一步都可能涉及将上一步的计算结果转换为下一步的仿真输入。大数据驱动下的建模与仿真基于数据建模、模型修改、模型校验与确认等的技术。仿真大数据的处理技术涉及大数据的表示方法、多源异构数据融合技术、数据挖掘与分析技术、大数据的可视化技术等。此外，大数据促进了仿真方法的发展，大数据的智能搜索、去冗降噪、聚类分析、特征挖掘技术,将大数据变为小数据,有利于理解复杂系统的不确定性、适应性、涌现性,进而有助于复杂系统的建模与仿真方法学的发展。

5) 基于普适计算技术的普适化仿真

普适计算技术是将计算技术与通信技术、数字媒体技术相融合的技术,它提供一种全新的计算模式。其目标是使计算和通信构成的信息空间与人们生活的物理空间融合为智能化空间,在这个智能化空间中人们可以随时随地透明地获得计算和信息服务。

在仿真系统中引入普适计算技术,是将计算机软硬件、通信软硬件、各类传感器、设备、模拟器紧密集成,实现将仿真空间与物理空间结合的一种新仿真模式,其重要意义是实现仿真进入实际系统,无缝嵌入我们生活的日常事务中。当前,普适仿真相关的重要研究内容涉及融合基于 Web 的分布仿真技术、网格计算技术、普适计算技术的先进普适仿真体系结构,仿真空间和物理空间的协调管理和集成技术,基于普适计算的普适仿真自组织性、自适应性和高度容错性,以及普适仿真应用技术等。

有专家认为,融合普适计算技术、网格计算技术与 Web Service 技术的"普适化仿真技术"将推动现代建模与仿真技术的研究、开发与应用进入一个新的发展阶段。

# 第 2 章

# 系统仿真基础

## 2.1 系统仿真的技术基础

相似原理是系统仿真的基础。仿真是以相似原理、系统建模、数值计算、信息技术及其应用领域的有关专业知识为基础,建立实际系统的模型,以计算机和各种物理效应设备为工具,利用系统模型对真实或设想的系统进行分析研究的过程。系统仿真本质上是依据所研究对象的相似性原理,人为建立某种形式的相似模型,以对该系统进行模拟与分析。

仿真方法具有显著的系统学、数学、计算机科学背景。正如约翰·L.卡斯蒂(John L. Casti)所指出的,"仿真涉及三个世界:真实世界、数学世界和计算世界"。通常而言,组成系统仿真的三个要素是:系统、模型和计算机。如图 2-1 所示,系统是我们所研究和关注的对象,模型是对该研究对象系统特性的抽象描述,仿真则是通过计算机工具对模型进行实验分析的过程。而将这三个要素结合在一起的三个活动是:系统建模、模型程序化、仿真实验与分析。

相似理论的基本原理为相似模型的建立提供了理论基础。仿真方法将研究对象视为一个系统,并基于系统之间的相似性建立系统模型,并通过模型分析研究系统。仿真模型与被仿真系统之间应具有较高的相似性,使系统仿真更精确、高效和可信。这些原理应贯穿于整个仿真过程,即在系统建

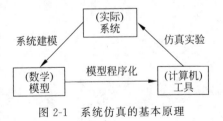

图 2-1 系统仿真的基本原理

模和仿真的各个阶段始终要基于相似特性进行定性或定量分析,在此基础上形成一套具有可操作性的工程化方法与技术。

**1. 定义被仿真系统**

定义被仿真系统主要是明确系统仿真的目的,建立仿真对象的描述框架,即建

立系统层面的描述模型。

1）明确系统仿真目的

仿真目的是确定系统建模和仿真活动的方向。系统仿真一般都是针对特定问题的有限目的。明确仿真目的，有助于把握仿真过程中可能需要采用的相似形式和相似方法及仿真可信评价的标准。

2）建立仿真对象描述框架

根据仿真目的，以系统的观点确定仿真对象的组成要素和系统边界、系统环境等。例如，如果仿真的目的是在计算机上再现实际系统的行为，就要根据行为相似原理，采用数学相似方法进行建模和仿真。如果仿真的目的是在仿真系统中实现实际系统的某些功能，就应考虑基于功能相似的原理，用数学相似和物理相似的方法建立数学模型和物理效应模型，以模拟实际系统的功能。

**2. 进行相似性分析**

相似性分析是根据仿真目的和仿真对象，确定为实现系统仿真目的而建立的仿真模型应具有的相似形式和相似特性，据此确定相似要素，研究相似性的实现原理、方法和技术。

1）确定相似形式

根据系统仿真的基本原理，以仿真目的为导向的仿真模型与实际系统具有某种形式的相似性。仿真模型的相似形式可分为数学相似、物理相似或数学-物理相似、行为相似或功能相似、状态相似或结构相似，等等。某个仿真模型可能兼具几种相似形式，此时需要考虑各种相似形式的可实现性。

2）确定相似要素

在确定仿真对象的组成要素及系统仿真应具有的相似形式基础上，分析并确定仿真系统的相似要素。

3）确定相似特性

各个相似要素具有某些属性和特征，这些属性和特征反映了相似要素所具有的特性。根据仿真目的、相似形式及相似要素属性和特征的重要程度选择适当的属性，并确定其描述特征，从而确定仿真系统应具有的相似特性。

4）确定相似性实现的原理、方法和技术

根据仿真目的和仿真对象的先验知识，找出反映系统外部行为特征的内在相似规律。在此基础上，根据仿真系统的相似形式和具体问题领域已有的科学理论，确定实现相似性的科学原理、基本方法和技术途径。

**3. 建立相似模型**

在相似性分析的基础上建立某种形式的相似模型，即仿真建模。相似模型的形式根据仿真类型分为数学相似模型、物理相似模型和数学-物理相似模型。

数学仿真模型包括数学模型及对其进行有效求解计算的计算机工具。实际上，系统的数学模型是实际系统的一次近似，仿真模型则是实际系统的二次近似。

先建立实际系统的数学模型,再根据数学模型的特点和精度要求,选用适当的计算机工具及求解算法,将数学模型通过计算机程序语言编程实现。物理仿真模型不但要反映其与实际系统之间在几何和物理性质上的相似性,更要反映实际系统的物理效应。数学-物理仿真模型兼顾上述两者的需求,还要考虑两者之间的关联,包括实时通信、交互作用等。

对于某些具体问题,专业仿真领域的相关学科已形成许多成熟的理论方法和实现技术,仿真模型的建立离不开这些理论方法和技术的应用。

**4. 仿真计算与分析**

数字仿真本质上是利用模型在计算机上进行试验,即在计算机上计算和运行仿真模型。模型运行所得的结果有时需要与实际系统的观测结果进行比较,以检验仿真模型和仿真过程是否具有实际系统的相似特征,当然模型行为与实际系统的观测结果不可能完全一致,但应在一定的精度条件下反映其相似特征。有的情况下,目前无法或尚未从实际系统中获得观测结果,这也是要进行仿真的原因之一。仿真模型运行时,可根据需要改变输入信息和模型结构及其参数,进行多次仿真运行,其仿真结果可用于仿真模型的相似性检验分析,还可达到模型结构和参数优化的目的。而对于那些包含随机因素的模型,仅靠一次仿真运行所得的分析结果是不充分的,需要多次仿真运行并综合分析其结果。

## 2.2 系统、模型与仿真

### 2.2.1 系统

**1. 系统的定义**

"系统"一词对应的英文单词是 system,它源自希腊语 systèma,是指由部分构成的整体,即由若干部分相互联系、相互作用所形成的具有某些功能的整体。

利用系统论的思想方法,可将研究对象作为一个系统进行定义和处理,分析系统的结构和功能,研究系统、要素、环境三者的相互关系和变化规律,并优化系统性能。研究系统的目的不仅在于认识系统的特点和规律,更重要的是利用这些特点和规律控制、管理、改造或设计系统,掌握系统结构、各要素关系和调控规律,实现系统优化的目标,使其更好地满足人类发展的需要。

**定义**:系统是一个由多个部分组成的、按一定方式连接的、具有特定功能的整体。

"系统"一词目前广泛应用于社会、经济、工业等各个领域。系统一般可分为非工程系统和工程系统。社会系统、经济系统、自然系统、交通管理系统等可归为非工程系统;而工程系统则覆盖机电、控制、电子、化工、热力、流体等众多工程应用领域。

世界上任何事物都可以看作是一个系统。大至渺茫的宇宙，小至微观的原子，一个工厂、一台机器、一个软件工具或手机应用 App……都可以视为系统。换言之，按照系统论的观点，整个世界就是各种系统的集合。

描述某个系统通常需要四个要素：实体、属性、活动和环境。实体确定了系统构成的具体对象或单元，也就确定了系统的边界；属性也称描述变量，描述了每一个实体的特性（状态和参数），其中系统的状态描述系统在任意时刻的状态，相对于研究对象来说是必需的；活动是指对象随时间推移而发生的状态的变化，它定义了系统内部实体之间的相互作用，从而确定了系统内部发生变化的过程；环境是指该系统所处的环境因素（包括激励、干扰、约束等），即那些影响系统而不受系统直接控制的全部因素。

由系统内部的实体、属性、活动组成的各种要素处于一定值时系统整体所表现出来的形态称为系统状态。当系统发生变化，即从一种状态（state）变为另一种状态时，就认为发生了一个过程（process）。通常通过系统状态的变化研究系统的动态情况。

系统一般具有输入和输出信号，输入信号经过系统内部处理可以得到输出信号或输出响应。内部结构与机理完全清晰的系统称为白盒系统；内部结构与机理部分清晰的系统称为灰盒系统；内部结构与机理完全不清晰的系统称为黑盒系统。

定义一个系统时首先要确定系统的边界。当研究某一具体对象时，总是需要在某些条件下将该研究对象与其共存环境区别开。例如，在热学中，通常将一定质量的气体作为研究对象，该研究对象就称为系统。而在流体力学中，众多流体质点的集合称为系统。边界确定了系统的范围，边界以外对系统的作用称为系统的输入，系统对边界以外环境的作用称为系统的输出。

**2. 系统的类型**

系统的类型多种多样，可根据不同的特征划分系统。例如，按照系统状态参数的相对稳定性，可分为静态系统和动态系统；按照系统状态和参数是确定的还是随机变化的，可分为确定系统和随机系统；按照系统状态变量的特点，可分为连续系统、离散系统和混合系统；根据系统中是否含有参数随时间变化的元件，可分为定常系统和时变系统。

仿真系统一般可分为连续系统和离散系统两类。连续系统是指状态变量随时间连续改变的系统，离散系统是指状态变量只在某个离散时间点集合上发生变化的系统。实际上，很少有系统是完全连续或完全离散的，大多数系统中既有连续成分，也有离散成分，即一部分具有连续系统特性，另一部分具有离散系统特性，这样的系统称为连续-离散混合系统。或者由于某一类型的变化占据主导地位，就相应地将该系统归入连续或离散类型。

例如，电动机调速系统包括电动机、测速元件、比较元件和控制器等实体对象，它们相互作用,按照预定的要求调节电动机的速度,此时适合采用连续系统进行描述。

在制造领域,可以将一台加工设备定义为一个系统。各加工零件按照一定的顺序到达设备工作台,根据机器设定的程序进行加工,加工完成后零件离开工作台。在该系统中,可以按照典型的单服务台排队系统进行处理。这属于离散系统的问题。

**3. 系统的内涵**

可以从以下方面理解系统的内涵。

系统是由若干部分(要素)组成的。这些要素可以是某些个体、元件、零件,也可能是一个子系统。如运算器、控制器、存储器、I/O 设备组成计算机硬件系统,运算器可被看作一个子系统,而硬件系统又是计算机系统的一个子系统。

系统的组成结构。系统是其构成要素的集合,这些要素相互联系、相互制约。系统内部各要素之间相对稳定的组成和连接关系,就是系统的组成结构。例如,产品由部件组成,部件之间存在装配关系,某些运动部件处于运动之中。

系统的功能。系统的功能是指系统与外部环境相互联系和相互作用过程中体现出来的性质、能力和功能。例如,企业信息化系统的功能是进行企业业务信息的收集、传递、储存、加工、维护和使用,辅助决策者进行决策,帮助企业实现目标。

系统的整体性。系统在实际应用中总是以特定系统出现,如制冷系统、飞控系统等。对某一具体对象的研究,既离不开对其物性的描述,也离不开对其系统性的描述。系统的状态是可以转换、可被控制的。而"系统"一词则表征所述对象的整体性,这里的系统是广义的概念。

系统的层次性。根据研究对象与研究目标的需要,系统可大可小,可以大至宇宙世界、小至原子分子层面。而且系统本身也可由多个互相关联的子系统组成,系统还可与其外部环境构成一个更大的系统,因而系统具有层次性。

## 2.2.2　模型

系统仿真通常需要将所研究的实际系统抽象为数学模型,然后将数学模型转换为可在计算机上运行的仿真模型,再利用计算机工具对仿真模型进行数值计算。

**1. 基本概念**

按照系统论的观点,模型是对实际系统的描述、模仿或抽象,即将实际系统对象以适当的表现形式(如文字、符号、图表、数学公式等)进行描述。系统模型是对系统中实体、属性、活动和环境进行的描述。

**定义**:模型是对一个系统(实体、假想、现象、过程)的物理、数学或其他逻辑表现形式的描述。

系统模型是基于研究目的,对所研究系统的某些特定方面进行抽象和简化,并以某种形式描述。对于多数研究目的来说,建立一个合适的系统模型,不仅可以代替系统,而且是对这个系统的合理简化。系统模型不应比研究目的的要求更复杂,模型的详细程度和精度要求需要与研究目的相匹配,具有与原系统相似的数学描述或物理属性。

**2. 模型的形式化表示**

一个系统的模型可定义为如下集合结构的形式化表示方式:

$$S = (T, X, \Omega, Q, Y, \delta, \lambda) \tag{2-1}$$

其中,$T$ 为时间基,描述系统变化的时间坐标。若 $T$ 为整数,则称为离散时间系统;若 $T$ 为实数,则称为连续时间系统。$X$ 为输入集,代表外部环境对系统的作用。$X$ 通常被定义为 $\mathbf{R}^n$,其中 $n \in I^+$,即 $X$ 代表 $n$ 个实值的输入变量。$\Omega$ 为输入段集,描述某个时间间隔内系统的输入模式,$\Omega$ 是 $(X, T)$ 的一个子集。$Q$ 为内部状态集,是系统内部结构建模的核心。$Y$ 为输出段集,表示系统对外部环境的作用。$\delta$ 为状态转移函数,定义系统内部状态是如何变化的。它是一个映射 $\delta: Q \times \Omega \rightarrow Q$。其含义为若系统在 $t_0$ 时刻处于状态 $q$,并施加一个输入段 $\omega: \langle t_0, t_1 \rangle \rightarrow X$,则 $\delta(q, \omega)$ 表示系统处于 $t_1$ 状态。$\lambda$ 为输出函数,给出了一个输出段集。它也是一个映射 $\lambda: Q \times X \times T \rightarrow Y$。

上述给出的是对系统模型的一般描述。在实际建模时,由于系统仿真的要求不同,对模型描述的详细程度也不尽相同。模型表示的不同层次如下。

(1) 行为层次:亦称输入输出层次。该层次的模型将系统视为一个"黑盒",在系统输入的作用下,只对系统的输出进行测量。

(2) 分解结构层次:将系统看作若干个"黑盒"并进行连接,定义每个"黑盒"的输入与输出,以及它们之间的相互连接关系。

(3) 状态结构层次:不仅定义了系统的输入与输出,还定义了系统内部的状态集及状态转移函数。

**3. 数学模型的分类**

建立系统的数学模型时,一般是根据系统实际结构、参数及计算精度的要求,提取主要因素,略去次要因素,使系统的数学模型既能准确反映系统的本质,又能简化模型分析计算的过程。仿真技术领域通常可以按照如下方式分类。

1) 按照模型的时间特征分类

系统的数学模型可分为连续系统时间模型和离散系统时间模型。

连续系统时间模型的时间用实数表示,即系统的状态可以在任意时刻获得。连续系统的状态参数取值连续,通常可以用常微分方程或偏微分方程组表示。

离散系统时间模型的时间用整数表示,即系统的状态参数只能在离散的时刻点上获得。值得注意的是,离散时间点只表示时间的次序,而不表示具体的时刻点。离散系统的状态仅在特定的时刻点取值发生变化,通常可以用差分方程组描述系统。

2）按照模型的参数分类

系统的数学模型可以分为参数模型和非参数模型。参数模型是指用数学表达式表示的数学模型，如微分方程、差分方程、系统传递函数及状态方程等。非参数模型是指用响应曲线表示的数学模型，如系统脉冲响应、系统阶跃响应、系统的时频域曲线等。

3）按照模型是否线性分类

系统的数学模型可以分为线性模型和非线性模型。符合叠加原理和齐次性的模型称为线性模型，不符合这两种原理的模型则为非线性模型。工程实际应用中的系统多为非线性系统，但是静态或小扰动微变系统一般仍采用线性的数学模型近似描述。动态系统则需采用非线性数学模型描述，但在求解模型时通常还要转换为线性模型。

4）按照模型的激励和响应类型分类

系统的数学模型可以分为确定性模型和随机性模型。确定性模型是指可采用确定的数学表达式表示的数学模型，这种数学表达式包括显式的和隐式的。随机性模型是指系统的激励和响应不能用确定的数学表达式描述，但可以通过大量的样本试验，使系统的激励和响应显示出统计学特征。这种只能用统计学特征描述的模型称为随机性数学模型。

5）按照模型的状态分类

数学模型又可分为静态模型和动态模型。静态模型反映系统平衡状态下系统特征值之间的关系。静态模型的一般形式是代数方程和逻辑表达式。动态模型用于刻画我们主要关注和研究对象的动态系统，其数学模型又分为连续系统模型和离散系统模型。其中，连续系统模型分为确定性模型和随机模型。确定性模型又分为集中参数模型和分布参数模型两种形式。集中参数模型的一般形式是常微分方程、状态方程或传递函数。分布参数模型可用偏微分方程描述。离散系统分为离散时间系统和离散事件系统。离散时间系统实际上也可视作连续系统，仅仅是它在某些情况下在离散时间点上进行采样的过程，属于特殊的连续系统。如采样控制系统，是在采样的时刻点上研究系统的输出特性。这种系统模型一般用差分方程、离散状态方程和脉冲传递函数描述。离散事件系统是一种用概率模型描述的随机系统，系统的状态只是在离散时间点上发生变化，而且这些离散时间点一般是不确定的，状态变化的时间通常具有随机性，引起状态变化的行为称为"事件"，即这类系统的输入和输出是随机发生的，对其研究与分析的主要目标是系统行为的统计性能，如库存系统、交通系统、排队服务系统等。

系统的数学模型分类如表 2-1 所示。

表 2-1  数学模型的分类

| 模型分类 | | | 数学描述 | 应用举例 |
|---|---|---|---|---|
| 静态系统模型 | | | 代数方程 | 系统稳态解 |
| 动态系统模型 | 连续系统模型 | 集中参数 | 微分方程 | 工程动力学 |
| | | | S 域传递函数 | |
| | | | 状态方程 | |
| | | 分布参数 | 偏微分方程 | 热传导温度场 |
| | 离散系统模型 | 离散时间 | 差分方程 | 采样控制系统 |
| | | | Z 域传递函数 | |
| | | | 离散状态方程 | |
| | | 离散事件系统 | 概率论，排队论 | 库存系统，交通系统，工件排队问题 |

### 2.2.3 仿真

1961 年，Morgenthater 首次对"仿真"进行了技术性定义："仿真意指在实际系统尚不存在的情况下对于系统或活动本质的实现。"1978 年，Korn 在《连续系统仿真》中将仿真定义为"用能代表所研究系统的模型做实验"。1982 年，Spriet 进一步将仿真的内涵扩充为"所有支持模型建立与模型分析的活动，即为仿真活动"。1984 年，Orën 在给出仿真的基本概念框架"建模—实验—分析"的基础上，提出了"仿真是一种基于模型的活动"的定义，被认为是现代仿真技术的一个重要概念。

系统仿真目前还没有统一的定义，人们给出了如下不同的定义。

**定义 1**：系统仿真是指利用模型对实际系统进行实验研究的过程，并通过模型实验揭示系统原型特征和规律的一种方法。

**定义 2**：系统仿真是以数学模型为基础，以计算机为工具，对实际系统进行实验研究的一种方法。

**定义 3**：系统仿真是建立在相似理论、控制理论、信息处理和计算方法等基础上，以计算机和其他专用物理效应设备为工具，利用系统模型对真实或假想的系统进行试验，并借助专家经验知识、试验数据、统计数据等对试验结果进行分析研究，进而做出决策的一门综合性学科。

由此看来，仿真是针对某一特定的研究对象或系统建立模型，进行模型实验，通过系统模型试验分析和研究一个已经存在或正在设计的系统。建立系统模型是仿真的前提，而系统模型以系统之间的相似原理为基础。相似原理指出，对于自然界的任一系统，均存在另一个系统，使其在某种意义上可以建立相似的数学描述或相似的物理属性，这样的系统就可以用模型来近似。这是整个系统仿真的理论基础。

系统仿真方法可从不同的角度进行分类，典型的分类方式如表 2-2 所示。

表 2-2　系统仿真的分类

| 分类方式 | 仿真类型 |
| --- | --- |
| 按模型类型 | 连续系统仿真<br>离散系统仿真<br>连续/离散混合系统仿真<br>定性系统仿真 |
| 按实现方式和手段 | 硬件在回路仿真(半实物仿真)<br>软件在回路仿真<br>数学仿真<br>人在回路仿真<br>物理仿真 |
| 按模型在空间中的分布形式 | 集中式仿真<br>分布式仿真 |
| 按所用计算机类型 | 模拟仿真<br>数字仿真<br>混合仿真 |
| 按仿真运行时间 | 实时仿真<br>超实时仿真<br>亚实时仿真 |
| 按仿真对象的性质 | 工程系统仿真<br>非工程系统仿真 |

由于连续系统和离散(事件)系统的数学模型有很大差别,所以系统仿真方法基本上分为两大类,即连续系统仿真方法和离散系统仿真方法。

仿真技术已经从物理仿真、半实物仿真发展到计算机仿真,现代仿真技术大多是在计算机支持下进行的。计算机仿真技术是以计算机为工具,以相似原理、信息技术及各种相关领域技术为基础,根据系统试验目的建立系统模型;并在不同条件下对模型进行动态运行试验的一门综合性技术。因此,当仿真活动以计算机为主要工具和运行环境时,系统仿真也称为计算机仿真。

计算机仿真成本低、效率高,应用领域越来越广泛。目前已成为系统(特别是复杂大系统)设计、分析、测试、评估、研制和技能训练的重要手段,广泛应用于国防、制造、交通、医疗、气象等领域。

系统仿真大多依靠计算机完成,而执行计算机仿真需要仿真软件工具的支持。目前,为满足各领域仿真应用的需要,在机械、控制、电子电路等应用领域,市场上出现了众多成熟且功能强大的商业化仿真软件工具。比如,有限元分析(ANSYS、MSC.NASTRAN、ADINA)、多体动力学(ADAMS、Visual Nastran、DADS)、控制分析(MATLAB、MATRIXx、EASY5)、电子电路(PROTEL、PSPICE)等。

商业化仿真软件按照应用领域可分为机械系统仿真软件、控制系统仿真软件和电子系统仿真软件等;按照面向的主要用户可分为商用仿真软件和军用仿真软件;按照运行平台地域可分为单点仿真软件和分布式仿真软件等。目前,随着微机平台的普及,商业化仿真软件已大量应用于机械、电子、控制等系统的产品设计过程。

## 2.3 系统仿真的实现步骤

系统仿真实现的工作流程如图 2-2 所示。

系统仿真的实施过程通常包括如下步骤。

1) 系统分析

根据系统研究和仿真分析的目的,首先定义问题,分析所仿真系统的边界、约束条件与系统结构等,再制定仿真具体实现的目标。

2) 系统建模

建立模型形式化描述框架,确定模型边界,得到计算机仿真所要求的数学描述。为了使模型具有可信性,必须具备系统的先验知识及必要的试验数据。模型的可信性检验也是建模阶段必不可少的一步,只有可信的模型才能作为仿真的基础。系统的数学模型是系统仿真的主要依据,模型的繁简程度应与仿真目的相匹配,以确保模型的有效性和仿真的经济性。

3) 仿真建模

原始系统的数学模型(如微分方程、差分方程等)不能直接用于系统仿真,应先将其转换为能在计算机中对系统进行计算的模型。

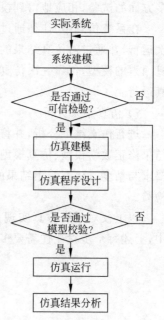

图 2-2 系统仿真实现的工作流程

根据物理系统的特点和仿真的要求选择合适的算法,当采用该算法建立仿真模型时,其计算稳定性、计算精度和计算速度能够满足仿真的需要。

4) 程序设计

采用计算机能够执行的程序实现仿真模型。程序中还应包括仿真运行参数、控制参数、输出信息等仿真实验要求的信息。目前,已有适用于不同需要的仿真语言和仿真工具可以直接采用,大大减轻了仿真程序设计的工作量。

5) 校核和验证模型

确认仿真模型和数学模型是否符合要求,进行仿真模型校验,检验所采用仿真算法的合理性,这一般是不可缺少的。

模型验证是确认仿真模型是否与构想的系统功能相符合,确认模型能否正确反映现实系统,评估模型仿真结果的可信度等。

通过模型确认,试着判断模型的有效程度。假如向一个模型输入正确数据之后,其输出可以满足我们的目标,模型只要在必要范围内有效就可以了,而无需尽善尽美地增加模型的有效性。

6) 仿真运行

有了正确的仿真模型,就可以对仿真模型进行试验,仿真运行可以相应地得到仿真模型的输出结果。这是实实在在的仿真活动。根据仿真的目的,在不同的初始条件和参数取值下实验系统或预测系统对各个决策变量进行响应,对模型进行多方面的试验,相应地得到模型的输出。

在系统仿真中,往往通过改变仿真模型的输入信息和参数对仿真模型进行多次运行,并通过对仿真结果的分析进行系统结构和参数优化。而对于那些包含随机因素的模型,仅靠一次仿真运行,得到的分析结果是不充分的,往往需要多次仿真运行。

7) 仿真结果分析

进行仿真结果分析,并将得到的仿真结果与实际系统进行比较。根据分析的结果修正数学模型、仿真模型、仿真程序,进行新的仿真试验,直到符合实际系统的要求与精度。仿真输出结果的分析既是对模型数据的处理,也是对模型可信性的检验。

以上仅对系统仿真实现过程的主要步骤进行了简要说明。在实际仿真应用中,上述每个步骤往往需要多次反复与迭代。

# 第 3 章

# 连续系统建模与仿真

## 3.1 基本概念

连续系统仿真问题是指某个系统的状态变化在时间上是连续的,可以用数学方程式描述系统模型,如常微分方程、偏微分方程、差分方程等。常见的连续系统有过程控制系统、调速系统、随动系统等。

如果一个系统的输入量、输出量及系统的内部空间变量都是时间的连续函数,就可以通过连续时间模型进行描述。

连续系统模型分为确定性模型和随机模型。确定性模型又分为集中参数模型和分布参数模型。集中参数模型的一般形式有常微分方程、状态方程或传递函数;分布参数模型可用偏微分方程描述。

由于连续系统的状态是随时间连续变化的,因而微分方程及其时域解是其最基本的描述方式。然而用古典方法求解微分方程往往比较复杂和困难,尤其是高阶(四阶以上)系统一般没有解析解。因此,采用函数变化(拉普拉斯变换)将时间域问题转化为复频域内求解,这就产生了传递函数。

## 3.2 集中参数连续系统

集中参数连续系统仿真中,通常有多种数学模型描述的方式。微分方程是系统最基本的数学模型,许多系统特别是工程系统都可以通过微分方程表示模型。由微分方程可以推导出系统的传递函数、差分方程和状态空间模型等多种数学形式。

### 3.2.1 建模方法

描述一个仿真系统的连续时间模型,通常可以采用以下表示方法:常微分方程、传递函数、权函数和状态空间描述。

假设一个系统的输入量 $u(t)$、输出量 $y(t)$ 和系统的内部状态变量 $x(t)$ 都是时间的连续函数,就可以通过连续时间模型进行描述。

**1. 常微分方程**

用常微分方程可以将模型表示为

$$a_0 \frac{d^n y}{dt^n} + a_1 \frac{d^{n-1} y}{dt^{n-1}} + \cdots + a_{n-1} \frac{dy}{dt} + a_n y = c_0 \frac{d^{n-1} u}{dt^{n-1}} + c_1 \frac{d^{n-2} u}{dt^{n-2}} + \cdots + c_{n-2} \frac{du}{dt} + c_{n-1} u \tag{3-1}$$

其中,$n$ 为系统的阶次;$a_i(i=0,1,\cdots,n)$ 为系统的结构参数;$c_j(j=0,1,\cdots,n-1)$ 为输入函数的结构参数,它们均为实常数。

**2. 传递函数**

线性定常连续系统的传递函数定义为:零初始条件下,即输入、输出及其各阶导数均为零,系统输出量的拉普拉斯变换与输入量的拉普拉斯变换之比。

假设系统的初始条件为零,对式(3-1)两边取拉氏(拉普拉斯)变换,得到

$$a_0 s^n Y(s) + a_1 s^{n-1} Y(s) + \cdots + a_{n-1} s Y(s) + a_n Y(s)$$
$$= c_0 s^{n-1} U(s) + c_1 s^{n-2} U(s) + \cdots + c_{n-1} U(s) \tag{3-2}$$

改变式(3-2)的表示方式,并记

$$G(s) = \frac{Y(s)}{U(s)} = \frac{c_0 s^{n-1} + c_1 s^{n-2} + \cdots + c_{n-2} s + c_{n-1}}{a_0 s^n + a_1 s^{n-1} + \cdots + a_{n-1} s + a_n}$$

也可表示为

$$G(s) = \frac{Y(s)}{U(s)} = \frac{\sum_{j=0}^{n-1} c_{n-j-1} s^j}{\sum_{i=0}^{n} a_{n-i} s^i} \tag{3-3}$$

式(3-3)称为系统的传递函数。

由于 $U(s) \cdot G(s) = Y(s)$,像输入信号经系统传递后转化为输出信号,故称 $G(s)$ 为系统的传递函数。它的特点是与输入无关。

**3. 权函数**

假设系统(初始条件为零)受一个理想脉冲函数 $\delta(t)$ 的作用,其响应为 $g(t)$,则 $g(t)$ 称为该系统的权函数,或脉冲过渡函数。理想的脉冲函数 $\delta(t)$ 的定义为

$$\begin{cases} \delta(t) = \begin{cases} \infty, & t=0 \\ 0, & t \neq 0 \end{cases} \\ \int_0^\infty \delta(t) dt = 1 \end{cases} \tag{3-4}$$

若在仿真系统上施加一个任意作用函数 $u(t)$,则其响应 $y(t)$ 可通过以下卷积

积分得到:
$$y(t) = \int_0^\tau u(\tau) g(t-\tau) \mathrm{d}t \tag{3-5}$$

可以证明,$g(t)$ 与 $G(s)$ 构成一对拉氏变换对,即
$$L(g(t)) = G(s) \tag{3-6}$$

**4. 状态空间描述**

上述常微分方程、传递函数和权函数的模型描述方式,只描述了仿真系统输入与输出之间的关系,而没有描述系统内部参数的状态变化情况,这些模型称为外部模型。从仿真应用的角度看,为了在计算机上通过数值计算的方式对系统模型进行仿真分析,有时仅仅依靠系统对象输入与输出之间的关系是不够的,还需要系统模型的内部变量,即状态变量。因此,状态空间模型能体现系统内部参数的状态变化情况,称为内部模型。

状态空间描述的一般形式为
$$\dot{x} = \mathbf{A}x + \mathbf{B}u \tag{3-7}$$
$$y = \mathbf{C}x \tag{3-8}$$

其中,$\mathbf{A}$ 是 $n \times n$ 维矩阵;$\mathbf{B}$ 是 $n \times 1$ 维矩阵;$\mathbf{C}$ 是 $1 \times n$ 维矩阵。

式(3-7)称为系统的状态描述方程,式(3-8)称为系统的输出方程。仿真时,必须将系统的外部模型转换为内部模型,也就是建立与输入输出特性等价的状态方程。

对于形如式(3-1)的单输入单输出的 $n$ 阶系统,引入一组 $n$ 个内部状态变量 $x_1, x_2, \cdots, x_n$,易于将其转换为上述形式的状态方程。作用函数为单输入 $u$,输出变量为单输出 $y$。

### 3.2.2 离散化数值计算

在连续系统的仿真模型中,微分方程是连续系统模型描述的一种常见方法。这些数学模型通常很难求得解析解,只能通过计算机进行数值求解。为了在计算机上进行仿真,必须将连续时间模型转化为离散时间模型。这就是连续系统仿真算法所要解决的问题。

连续系统仿真本质上是将连续的仿真时间过程进行离散化处理,并在这些离散时间点上对系统模型进行数值计算,因而需要选择合适的数值计算方法,进行近似积分运算,这个过程实际上是用离散模型近似原来的连续模型。这种数值积分算法也称为仿真建模方法。

假设连续系统的微分模型为 $\dot{y} = f(y, u, t)$,其中 $u(t)$ 为输入变量,$y(t)$ 为系统变量,令仿真时间间隔为 $h$,离散化后的输入变量为 $\hat{u}(t_k)$,系统变量为 $\hat{y}(t_k)$,其中 $t_k = kh$。如图 3-1 所示,如果 $\hat{u}(t_k) \approx u(t_k), \hat{y}(t_k) \approx y(t_k)$,即离散化数值计算误差 $e_u(t_k) = \hat{u}(t_k) - u(t_k) \approx 0, e_y(t_k) = \hat{y}(t_k) - y(t_k) \approx 0 (k = 0, 1, 2, \cdots)$,则

可以认为这两个模型等价。

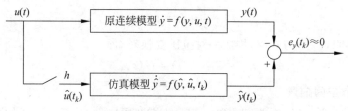

图 3-1　连续模型离散化计算的等价模型示意图

实际上,上述数值计算误差主要是数值积分算法导致的,而计算机数字化字长导致的舍入误差基本上可以忽略不计。

利用连续系统离散化原理对仿真建模方法有以下三个基本要求。

(1) 稳定性。若原有的连续系统是稳定的,则离散化后得到的仿真模型也应该是稳定的。

(2) 可计算性。数值仿真是一步步推进的,即从起始时间的某一初始值出发,逐步计算,这就要求每一步的计算都是收敛的,且每一步计算所需的时间决定了仿真推进的速度,即要求数值计算的快速性,因而可计算性要求仿真算法同时考虑计算的收敛性和快速性。

仿真模型从某一初始值 $y(t_0)$ 开始,逐步计算得到 $y(t_1),y(t_2),\cdots,y(t_k)$,每一步计算所需时间决定了仿真速度。如果第 $k$ 步计算时,仿真系统对应的时间间隔为 $h_k=t_{k+1}-t_k$,计算机由 $y(t_k)$ 计算 $y(t_{k+1})$ 需要的时间为 $T_k$,那么,$T_k=h_k$ 时称为实时仿真,$T_k<h_k$ 时称为超实时仿真,而大多数情况下即 $T_k>h_k$ 时对应离线仿真。

(3) 准确性。这里是指数字仿真的计算值与原有系统真实值的相符程度。在连续系统的离散化计算过程中,计算机本身字长导致的计算误差可以忽略不计,关键是模型离散化导致的计算误差。通常存在不同的准确性评价准则,仿真计算等价模型最基本的准则是

绝对误差准则:　　$|e_y(t_k)|=|\hat{y}(t_k)-y(t_k)|\leqslant\delta$

相对误差准则:　　$|\delta_y(t_k)|=\left|\dfrac{\hat{y}(t_k)-y(t_k)}{\hat{y}(t_k)}\right|\leqslant\delta$

其中,$\delta$ 表示设定的误差量。

连续系统数字仿真中最基本的算法是数值积分算法。对于形如 $\dot{y}=f(y,u,t)$ 的系统,已知系统变量 $y$ 的初始条件 $y(t_0)=y_0$,若要计算 $y(t)$ 随时间变化的过程,则可以在一系列离散时间点 $t_1,t_2,\cdots,t_N$ 上计算出未知函数 $y(t)$ 值 $y(t_1),y(t_2),\cdots,y(t_N)$ 的近似值 $y_1,y_2,\cdots,y_N$。计算过程可以按照如下步骤进行处理。

首先,求出初始点 $y(t_0)=y_0$ 的 $f(t_0,y_0)$,并对微分方程进行积分计算:

$$y(t) = y_0 + \int_{t_0}^{t} f(t,y)\,\mathrm{d}t \tag{3-9}$$

如图 3-2 所示,式(3-9) $y(t)$ 的积分值就是曲线下的面积。欧拉法是最经典的近似方法。

欧拉法用矩形面积近似表示 $(t_{k-1}, t_k)$ 的积分结果,即 $t = t_1$ 时 $y(t_1)$ 的近似值为 $y_1$:

$$y(t_1) \approx y_1 = y_0 + \Delta t \cdot f(t_0, y_0) \tag{3-10}$$

对于任意时刻 $t = t_{k+1}$,有

$$y(t_{k+1}) \approx y_{k+1} = y_k + (t_{k+1} - t_k) \cdot f(t_k, y_k) \tag{3-11}$$

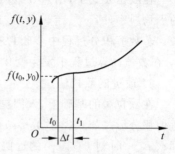

图 3-2 数值积分的基本原理

令 $h_k = t_{k+1} - t_k$,称为第 $k$ 步的计算步长。若数值积分过程中步长保持不变 ($h_k = h$),此时即为等步长仿真。否则,如果 $h_k$ 在数值计算过程中发生变化,就称为变步长仿真。可以证明,欧拉法的截断误差与 $h^2$ 成正比。

上述方法是在已知初值情况下进行数值计算,因而称为微分方程初值问题的数值计算方法,亦称数值积分法。经典的数值积分法可分为单步法和多步法。

### 3.2.3 数值积分法

对于式(3-12)的一阶微分方程初值问题,利用数值积分法进行数值计算,主要归结为对函数 $f(t,y)$ 的数值积分问题,即求取该函数定积分的近似解。

$$\begin{cases} \dot{y} = f(t,y) \\ y(t_0) = y_0 \end{cases} \tag{3-12}$$

数值积分法可分为单步法和多步法两大类。若由当前 $t_k$ 时刻的数值 $y_k$ 能求出下一步 $t_{k+1}$ 时刻的数值 $y_{k+1}$,而不需要其他时刻的任何信息,则这种计算方法称为单步法。反之,为了求解 $t_{k+1}$ 时刻的近似值 $y_{k+1}$,不仅需要知道 $t_k$ 时刻的近似值 $y_k$,还要用到过去若干时刻 $t_{k-1}, t_{k-2}, \cdots$ 处的数值 $y_{k-1}, y_{k-2}, \cdots$,这种计算方法称为多步法。

**1. 单步法**

如果已知 $y(t_k) = y_k$,需要计算数值 $y_{k+1}$,则由微分中值定理

$$\frac{y(t_{k+1}) - y(t_k)}{h} = \dot{y}(t_k + \theta h), \quad 0 < \theta < 1$$

可以得到 $y(t_{k+1}) = y(t_k) + h\dot{y}(t_k + \theta h)$,即

$$y_{k+1} = y_k + h \cdot f[t_k + \theta h, y(t_k + \theta h)] \tag{3-13}$$

其中,$f[t_k + \theta h, y(t_k + \theta h)]$ 为 $f(t,y)$ 在区间 $[t_k, t_{k+1}]$ 上的平均斜率。

由式(3-13)可以看出,只要对区间 $[t_k, t_{k+1}]$ 上的平均斜率提供一种计算方法,就可以计算得到相应 $y_{k+1}$ 的数值。

1) 欧拉法

在欧拉公式中,用点$(t_k,y_k)$处的斜率$\dot{y}_k=f(t_k,y_k)$近似代替$[t_k,t_{k+1}]$上的平均斜率,即$y_{k+1}=y_k+h_k f(t_k,y_k)$,$h_k=t_{k+1}-t_k$,$h_k$称为第$k$步的计算步长。若数值积分过程中步长保持不变,$h_k=h$,此时即为等步长仿真。否则,如果$h_k$在数值计算过程中发生变化,就称为变步长仿真。

2) 改进的欧拉法

在欧拉法的基础上,人们提出了"梯形法"以进一步提高计算精度。梯形法的近似积分形式如式(3-14),令$h_k=t_{k+1}-t_k$,已知$t_k$时刻$y(t_k)$的近似数值解$y_k$,那么$t_{k+1}$时刻$y(t_{k+1})$的近似数值解$y_{k+1}$为

$$y(t_{k+1}) \approx y_{k+1} = y_k + \frac{1}{2}h_k[f(t_k,y_k)+f(t_{k+1},y_{k+1})] \quad (3\text{-}14)$$

可见,式(3-14)表示的梯形法是隐函数形式,因式中右半部分隐含$y_{k+1}$。采用这种数值积分方法,其最简单的"预报-校正"方法是用欧拉法估计初值,用梯形法校正,即

$$y_{k+1}^{(i)} \approx y_k + h_k f(t_k,y_k) \quad (3\text{-}15)$$

$$y_{k+1}^{(i+1)} \approx y_k + \frac{1}{2}h_k[f(t_k,y_k)+f(t_{k+1},y_{k+1}^{(i)})] \quad (3\text{-}16)$$

式(3-15)称为预报公式,式(3-16)称为校正公式。即先用欧拉法估计$y_{k+1}^{(i)}$的值,再代入校正公式,得到$y_{k+1}$的校正值$y_{k+1}^{(i+1)}$。$i=0,i+1=1$,为第一次预报-校正计算;$i=1,i+1=2$,为第二次预报-校正计算;如果事先给定控制误差$\varepsilon$,通过多次迭代计算,直到满足$|y_{k+1}^{(i+1)}-y_{k+1}^{(i)}|\leqslant\varepsilon$,此时$y_{k+1}^{(i+1)}$是满足误差要求的校正值。

对照图 3-2 所示的连续系统数字仿真等价模型,在改进的欧拉公式中,用点$(t_k,y_k)$处的斜率$\dot{y}_k=f(t_k,y_k)$和点$(t_{k+1},\hat{y}_{k+1})$处的斜率$\hat{\dot{y}}_{k+1}=f(t_{k+1},\hat{y}_{k+1})$的算术平均值近似代替$[t_k,t_{k+1}]$上的平均斜率,而点$(t_{k+1},\hat{y}_{k+1})$处的斜率是通过点$(t_k,y_k)$处的信息预报的,即

$$\begin{cases} K_1 = f(t_k,y_k) \\ K_2 = f(t_{k+1},y_k+hK_1) \\ y_{k+1} = y_k + h(K_1+K_2)/2 \end{cases} \quad (3\text{-}17)$$

上述欧拉公式每一步计算中的截断误差为$O(h^2)$,而改进的欧拉公式每一步的截断误差为$O(h^3)$。

3) 龙格-库塔法

如果在区间$[t_k,t_{k+1}]$上多预报几个点的斜率值,然后将其线性组合作为平均斜率的近似值,就可能构造出精度更高的计算方法。龙格-库塔(Runge-Kutta)法就是基于这一思路构造的仿真算法。

如图 3-3 所示,欧拉公式只采用一个点上的斜率,它实际上是一阶龙格-库塔公式(简称 RK-1),其截断误差为$O(h^2)$;而改进的欧拉公式采用了两个点上的斜率,

如图 3-4 所示,它实际上是二阶龙格-库塔公式(简称 RK-2),其截断误差为 $O(h^3)$。如果在区间 $[t_k, t_{k+1}]$ 上再增加一个点,对三个点上的斜率进行加权平均,然后作为平均斜率的近似值,则可望得到截断误差为 $O(h^4)$ 的龙格-库塔公式,即

$$\begin{cases} K_1 = f(t_k, y_k) \\ K_2 = f(t_k + ph, y_k + phK_1) \\ K_3 = f(t_k + qh, y_k + qhK_2) \\ y_{k+1} = y_k + h(\lambda_1 K_1 + \lambda_2 K_2 + \lambda_3 K_3) \end{cases} \quad (3\text{-}18)$$

其中,$t_k, t_k + ph, t_k + qh$ 为区间 $[t_k, t_{k+1}]$ 上的 3 个点;$K_2$ 由 $K_1$ 预报;$K_3$ 由 $K_2$ 预报;而 $\lambda_1, \lambda_2, \lambda_3$ 是斜率的线性组合系数。

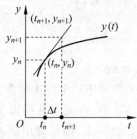

图 3-3　RK-1 法几何表示

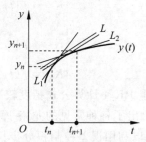

图 3-4　RK-2 法几何表示

对于给定 3 个点($p, q$ 取定某个值)的情况下,为了确定其斜率的组合系数 $\lambda_1, \lambda_2, \lambda_3$,首先,根据泰勒公式分步对式(3-18)中的 3 个斜率 $K_1$、$K_2$ 和 $K_3$ 在 $(t_k, y_k)$ 点展开,可以得到点 $(t_{k+1}, y_{k+1})$;再根据泰勒公式在 $(t_k, y_k)$ 点采用 $h$ 步长直接一步展开,同样可以得到点 $(t_{k+1}, y_{k+1})$;使这两种展开式中的前四项对应相等,即可得到参数 $p, q, \lambda_1, \lambda_2, \lambda_3$ 之间应满足的条件为

$$\begin{cases} \lambda_1 + \lambda_2 + \lambda_3 = 1 \\ p\lambda_2 + q\lambda_3 = \dfrac{1}{2} \\ p^2\lambda_2 + q^2\lambda_3 = \dfrac{1}{3} \end{cases} \quad (3\text{-}19)$$

如果取 $p = \dfrac{1}{2}$(中点),$q = 1$(终点),则可得:$\lambda_1 = \dfrac{1}{6}, \lambda_2 = \dfrac{2}{3}, \lambda_3 = \dfrac{1}{6}$。

这样可得三阶龙格-库塔公式为

$$\begin{cases} K_1 = f(t_k, y_k) \\ K_2 = f\left(t_k + \dfrac{h}{2}, y_k + \dfrac{h}{2}K_1\right) \\ K_3 = f(t_k + h, y_k + hK_2) \\ y_{k+1} = y_k + \dfrac{h}{6}(K_1 + 4K_2 + K_3) \end{cases} \quad (3\text{-}20)$$

如果在上述三阶龙格-库塔公式中,取区间 $[t_k,t_{k+1}]$ 上其他任意两点的斜率 $\left(p\neq\dfrac{1}{2},q\neq 1\right)$,即可得到各种不同的三阶龙格-库塔公式(简称 RK-3)。

根据上述原理,若展开泰勒级数时保留 $h$、$h^2$、$h^3$ 和 $h^4$ 项,则可得截断误差为 $O(h^5)$ 的四阶龙格-库塔公式(简称 RK-4):

$$y(t_{k+1})\approx y_{k+1}=y_k+\frac{h}{6}(K_1+2K_2+2K_3+K_4) \quad (3-21)$$

其中

$$\begin{cases} K_1=f(t_k,y_k) \\ K_2=f\left(t_k+\dfrac{h}{2},y_k+\dfrac{h}{2}K_1\right) \\ K_3=f\left(t_k+\dfrac{h}{2},y_k+\dfrac{h}{2}K_2\right) \\ K_4=f(t_k+h,y_k+hK_3) \end{cases} \quad (3-22)$$

由于这组 RK-4 计算公式精度较高,因而在数字仿真中应用较为普遍。

表 3-1 给出了各种常见的龙格-库塔公式。其中,后面三种给出了误差估计公式,这样就可以利用误差控制积分步长。即每积分一步,即可利用误差估计公式估计这一步的截断误差。若此时截断误差大于允许的误差,则缩小步长,反之可以放大步长。一般而言,为了减少计算量,总是希望每步计算时能够减少右端函数 $f$ 的计算次数,即减少计算 $K$ 的次数。

表 3-1 常见的龙格-库塔公式

| 名称 | 计算公式 | 误差特点 |
|---|---|---|
| 二阶龙格-库塔法 | $y_{k+1}=y_k+\dfrac{h}{2}(K_1+K_2)$<br>$K_1=f(t_k,y_k)$<br>$K_2=f(t_k+h,y_k+hK_1)$ | |
| 四阶龙格-库塔法 | $y_{k+1}=y_k+\dfrac{h}{6}(K_1+2K_2+2K_3+K_4)$<br>$K_1=f(t_k,y_k)$<br>$K_2=f\left(t_k+\dfrac{h}{2},y_k+\dfrac{h}{2}K_1\right)$<br>$K_3=f\left(t_k+\dfrac{h}{2},y_k+\dfrac{h}{2}K_2\right)$<br>$K_4=f(t_k+h,y_k+hK_3)$ | |

续表

| 名 称 | 计算公式 | 误差特点 |
|---|---|---|
| 四阶龙格-库塔-默森法 | $y_{k+1} = y_k + \dfrac{h}{6}(K_1 + 4K_4 + K_5)$<br>$K_1 = f(t_k, y_k)$<br>$K_2 = f\left(t_k + \dfrac{h}{3}, y_k + \dfrac{h}{3}K_1\right)$<br>$K_3 = f\left(t_k + \dfrac{h}{3}, y_k + \dfrac{h}{6}(K_1 + K_2)\right)$<br>$K_4 = f\left(t_k + \dfrac{h}{2}, y_k + \dfrac{h}{8}(K_1 + 3K_3)\right)$<br>$K_5 = f\left(t_k + h, y_k + \dfrac{h}{2}(K_1 + 4K_4 - 3K_3)\right)$ | 截断误差估计公式<br>$E_k = \dfrac{h}{6}(2K_1 - 9K_3 + 8K_4 - K_5)$ |
| 二阶龙格-库塔-费尔别格法 | $y_{k+1} = y_k + \dfrac{h}{512}(K_1 + 510K_2 + K_3)$<br>$K_1 = f(t_k, y_k)$<br>$K_2 = f\left(t_k + \dfrac{h}{2}, y_k + \dfrac{h}{2}K_1\right)$<br>$K_3 = f\left(t_k + h, y_k + \dfrac{h}{256}(K_1 + 255K_2)\right)$ | 截断误差估计公式<br>$E_k = \dfrac{h}{512}(K_1 - K_3)$ |
| 四阶龙格-库塔-夏普法 | $y_{k+1} = y_k + \dfrac{h}{8}(K_1 + 3K_2 + 3K_3 + K_4)$<br>$K_1 = f(t_k, y_k)$<br>$K_2 = f\left(t_k + \dfrac{h}{3}, y_k + \dfrac{h}{3}K_1\right)$<br>$K_3 = f\left(t_k + \dfrac{2h}{3}, y_k + \dfrac{h}{3}(-K_1 + 3K_2)\right)$<br>$K_4 = f(t_k + h, y_k + h(K_1 - K_2 + K_3))$<br>$K_5 = f\left(t_k + h, y_k + \dfrac{h}{8}(K_1 + 3K_2 + 3K_3 + K_4)\right)$ | 截断误差估计公式<br>$E_k = \dfrac{h}{32}(-K_1 + 3K_2 - 3K_3 - 3K_4 + 4K_5)$ |

龙格-库塔的计算方法具有如下特点。

(1) 计算 $y_{k+1}$ 时只用到 $y_k$，而不直接用 $y_{k-1}, y_{k-2}$ 等项。即后一步计算仅仅利用前一步的计算结果，因而它也属于单步法。

(2) 步长 $h$ 在整个计算过程中并不要求取固定值，可根据精度要求改变，但在一步中，为了计算若干个系数 $K_i$，必须使用同一个步长 $h$。

(3) 龙格-库塔法的精度取决于步长 $h$ 的大小和方法的阶次。许多计算实例表明，为达到相同的计算精度，四阶方法的 $h$ 可以比二阶方法的 $h$ 大 10 倍左右，而四阶方法的每步计算量仅比二阶方法增加一倍，因而其总计算量仍比二阶方法小。正是基于这个原因，一般系统仿真常用四阶龙格-库塔公式。值得指出的是，高于四阶的方法由于每步计算量增加较多，而精度提高并不多，因而使用得也较少。

此外，前面的龙格-库塔公式推导过程中假设系统是一阶微分方程的形式，而实际系统很可能是高阶的，即实际系统的数学模型是一阶的微分方程组或高维状态方程，此时可以用龙格-库塔向量公式求解。

**2. 多步法**

单步法在计算 $y_{k+1}$ 时只用到了前一步的函数值 $y_k$，例如，RK-4 法虽然求出了 $(t_k, t_k+h)$ 区间上的一些中间值，但没有直接用到 $y_{k-1}$、$y_{k-2}$ 等值，即在后一步计算中，仅仅利用前一步的计算结果。

多步法在计算微分方程 $\dot{y}=f(t,y)$ 在区间 $(t_k, t_{k+1})$ 上的积分数值 $y_{k+1}$ 时，利用了之前求得的 $t_k, t_{k-1}, \cdots, t_{k-n}$ 时刻 $(n+1)$ 个节点处的函数值 $f_k, f_{k-1}, \cdots, f_{k-n}$，再根据插值原理构造一个多项式，以求解 $t_{k+1}$ 时刻的近似值 $y_{k+1}$。

多步法有多种计算公式，限于篇幅本书不做具体介绍，读者可查阅相关专业书籍进一步了解。

### 3.2.4 算法稳定性与误差

利用数值积分法进行仿真模型计算时常常出现这样的现象，本来是一个稳定的系统，仿真过程中却出现不稳定的情况。这种现象通常是计算步长选得过大造成的，步长太大会带来较大的计算误差，而数值积分法会使各种误差传递，进而导致仿真系统不稳定。

**1. 误差**

设 $y(t_{k+1})$ 为微分方程 $\dot{y}=f(t,y)$ 在 $t_{k+1}$ 时刻的真解（理论值），$\bar{y}(t_{k+1})$ 为其数值积分精确解（没有舍入误差），$y_{k+1}$ 为此时的数值积分近似值（有舍入误差），则有

$$y(t_{k+1}) - y_{k+1} = [y(t_{k+1}) - \bar{y}_{k+1}] + [\bar{y}_{k+1} - y_{k+1}] = e_{k+1} + \varepsilon_{k+1}$$

式中：$e_{k+1} = y(t_{k+1}) - \bar{y}_{k+1}$ 为整体截断误差；$\varepsilon_{k+1} = \bar{y}_{k+1} - y_{k+1}$ 为舍入误差。

1) 截断误差

截断误差分为局部截断误差和整体截断误差。局部截断误差是指假定前 $k$ 步为微分方程精确解时第 $k+1$ 步的截断误差；整体截断误差是指从初值开始，每一步均有局部截断误差。

通常以泰勒级数为工具进行误差分析。假设前一步得到的结果 $y_k$ 是准确的，则由泰勒级数展开式求得 $t_{k+1} = t_k + h$ 处的解为

$$y(t_k+h) = y(t_k) + h\dot{y}(t_k) + \frac{\ddot{y}(t_k)}{2!}h^2 + \cdots + \frac{y^{(n)}(t_k)}{n!}h^n + 0(h^{n+1})$$

(3-23)

例如，考查欧拉法的局部截断误差

$$y_{k+1} = y_k + h \cdot f(t_k, y_k) = y_k + h\dot{y}(t_k) \tag{3-24}$$

由式(3-23)和式(3-24),并考虑假设条件 $y_k = y(t_k)$,得

$$e_{k+1} = e(t_{k+1}) = y(t_{k+1}) - y_{k+1} = 0(h^2)$$

采用不同的数值解法,其局部截断误差往往不同。一般而言,若截断误差为 $0(h^{n+1})$,则称该方法为 $n$ 阶的。方法的阶次可作为衡量方法精度的一个重要标志。

2) 舍入误差

由于计算机字长的限制,数字不可能表示得完全精确,计算过程中不可避免地会产生误差。这种由计算机本身字长导致的误差称为舍入误差。

产生舍入误差的因素较多,除计算机字长外,还包括计算机使用的数字系统、数的运算次序及程序编码等。舍入误差通常与仿真步长成反比,步长越小,计算的次数越多,舍入误差就越大。

**2. 收敛性**

数值积分中的收敛性:假设不考虑舍入误差和初始值误差,对于一种数值积分方法,若对于任意固定的 $t_k = t_0 + kh$,当 $h \to 0$(同时 $k \to \infty$)时,求得 $y_k \to y(t_k)$,则称这种积分方法是收敛的。

**3. 稳定性**

关于计算的稳定性可以理解为:在实际计算中,给出的初值 $y(t_0) = y_0$ 不一定很准确(存在初始误差);同时,由于计算机字长有限,数值计算中存在舍入误差;尤其是对于某一步长 $h$ 的数值积分存在截断误差,所有这些误差都可能在计算过程中传递。当步长 $h$ 取得过大时,计算误差较大,数值积分方法会使各种误差传递,进而导致仿真系统不稳定。

**4. 数值积分方法的选择**

数值积分方法的选择往往需要结合实际问题来确定,具有较大的灵活性。主要考虑方法本身的复杂程度、仿真系统特点、计算量和误差、仿真步长等诸多因素。通常当导函数不太复杂且精度要求不高时,选择龙格-库塔法比较合适;如果导函数复杂且计算量大,则采用阿达姆斯预估-校正法较好;而对于实时仿真问题,则需要采用实时算法。

(1) 精度要求。影响数值积分精度的因素包括截断误差、舍入误差和初始误差。当步长确定时,算法阶次越高,截断误差越小。当要求高精度仿真时,可采用高阶的隐式多步法,并取较小的步长。但仿真步长不宜太小,过小的步长会增加迭代计算的次数,增加计算量,并增大舍入误差和积累误差。

(2) 计算速度。计算速度主要取决于每步积分的运算时间和积分总次数。每步运算量与选择的积分方法有关,它取决于导函数的复杂程度及每步积分需要计算导函数的次数。在数值求解中,最耗时的往往是对积分变量导函数进行计算。为提高仿真速度,确定积分方法后,应在保证积分精度的条件下尽量加大仿真步

长,以缩短仿真过程的总时间。

(3) 稳定性。保证数值解的稳定性是系统仿真实现的前提,否则就无法获得仿真结果或使计算结果失去实际意义,从而导致仿真失败。如果一个数值积分方法对于简单模型是不稳定的,就更难求解一般方程的初值问题。

**5. 步长控制**

高精度的仿真方法必须将步长控制作为必要手段。实现步长控制涉及两方面问题:一是局部误差估计;二是步长控制策略。步长控制的一般方法是测量计算误差 $E_k$,然后判断是否满足允许误差 $E$,据此选择相应的步长控制策略,不断调整控制步长 $h$,再进行下一步积分运算。实现步长控制的具体步骤如下。

(1) 估计每步的计算误差 $\varepsilon_k$。

(2) 给定一种误差控制范围的指标函数,或设定一个最小误差限 $\varepsilon_{min}$ 和最大误差限 $\varepsilon_{max}$。

(3) 不断改变步长以满足误差控制的指标要求。常用以下两种步长控制策略:第一种是加倍-减半法,即当估计的局部误差大于最大误差限时将步长减半,并重新计算这一步;当误差处于最小误差限 $\varepsilon_{min}$ 和最大误差限 $\varepsilon_{max}$ 之间时,步长不变;当误差小于最小误差限时将步长加倍。第二种是最优步长法,为使每个积分步在保证精度的前提下取最大步长(或称最优步长),可设法根据本步误差的估计,近似确定下一步可能的最大步长。由于这种方法可以实现在规定的精度下取得最大步长,因而减少了计算量。

## 3.3 分布参数连续系统

事实上,真实的物理系统通常是分布参数系统。只是在研究该系统性能时,有时为了突出系统的主要特征而对其进行必要的简化,才得到理论上的集中参数系统。但对于某些实际的物理系统而言,不能或难以进行简化,或者按分布参数考虑才能反映其运动规律。

### 3.3.1 模型描述

分布参数系统的运动特性一般采用偏微分方程描述。对于确定型的偏微分方程,采用一阶描述形式,可用式(3-25)进行形式化描述:

$$F_0(\phi,p,z,t)\frac{\partial \phi}{\partial t} + \sum_{i=1}^{k} F_i(\phi,p,z,t)\frac{\partial \phi}{\partial z_i} = f(\phi,p,u,z,t) \quad (3\text{-}25)$$

$$\begin{cases} b(\phi,p,z,t)=0 \quad (z \in \delta_z) \\ \phi(z,0)=\phi^0(z) \\ y(z,t)=g(\phi,p,z,t) \\ h(\phi,p,u,z,t) \geqslant 0 \end{cases} \quad (3\text{-}26)$$

上述表达式中有关符号的含义说明如下。

(1) 自变量：常微分方程中自变量只含有时间变量 $t$，而在偏微分方程中，其自变量除时间 $t\in T$ 以外，还有空间自变量 $z\in Z$。

(2) 输入变量 $u\in U$ 及输入段集合：映射 $Z\times T\rightarrow U:u(z,t)$。

(3) 因变量：$\phi\in\Phi$，且是 $z$ 与 $t$ 的函数。

(4) 式(3-26)中第一项确定边界条件，$\delta_z$ 表示 $Z$ 的边界，在 $z\in\delta_z$ 上，$\phi$ 随时间变化满足该等式。

(5) 式(3-26)中第二项表示初始条件，即规定初始时刻 $\phi$ 在域内的值。

(6) 输出变量 $y\in Y$ 是时间和空间的函数。

(7) 式(3-26)中第四项规定了约束条件。

在某些情况下，系统是以高阶偏微分方程的形式给出的。一般说来，经过适当的函数变换，高阶偏微分方程可以转换为一阶偏微分方程组。

以下是几种典型形式的偏微分方程。

(1) 双曲方程，典型的有：

对流方程

$$\frac{\partial u}{\partial t}+a\frac{\partial u}{\partial x}=q \tag{3-27}$$

波动方程

$$\frac{\partial^2 u}{\partial t^2}-a^2\frac{\partial^2 u}{\partial x^2}=q \tag{3-28}$$

(2) 抛物方程，典型的有：

扩散方程

$$\frac{\partial u}{\partial t}-b\frac{\partial^2 u}{\partial x^2}=q \tag{3-29}$$

对流-扩散方程

$$\frac{\partial u}{\partial t}+a\frac{\partial u}{\partial x}-b\frac{\partial u^2}{\partial x^2}=q \tag{3-30}$$

(3) 椭圆方程，典型的有泊松方程：

$$\frac{\partial^2 u}{\partial x^2}+\frac{\partial^2 u}{\partial y^2}=q \tag{3-31}$$

对于偏微分方程的数值求解，初始条件的设置是十分重要的，即方程定义必须是充分完整的，既不能"过定"（定义过多的初始边界条件），也不能"欠定"（定义过少的边界条件），而只能"适定"。

例如，式(3-27)中的一阶对流方程，假设 $a>0$，而欲求 $0<x<1$ 区间上的定解，在 $t=0$ 处给定初值 $u(x,0)$，并给出 $x=0$ 的边值 $u(0,t)$，这种情况下 $u$ 在该区间上的解可以唯一确定为 $u(x,t)=\varphi(x-at)$，且沿特征线 $x-at=\mathrm{cons}(t)$ 为常值。因而此时的方程初值是"适定"的。反之，若此时还定义了 $x=1$ 的边值

$u(1,t)$,则是"过定"的情况;若只给定初值 $u(x,0)$,而未给出 $x=0$ 的边值 $u(0,t)$,则是"欠定"的情况。无论是"过定"还是"欠定",都无法确定方程的解。

### 3.3.2 差分法

经典的以偏微分方程仿真建模的基本思路如下:从空间和时间两个方面将系统离散化,从而将偏微分方程转化为差分方程,然后从初值或边值出发,逐层推进计算过程,这种方法称为差分法。它具有高度的通用性,易于程序实现。

为了说明差分法的基本原理,先考虑空间为一维的情况,偏微分方程的自变量为两个,即空间变量 $x$ 和时间变量 $t$。

如图 3-5 所示,在 $x$-$t$ 坐标平面的上半部($t\geqslant 0$),用坐标线划分网格。

$$x = x_j = jh, \quad j = 0, \pm 1, \pm 2, \cdots$$
$$t = t_i = i\tau, \quad i = 0, 1, 2, 3, \cdots$$

其中,$h$、$\tau$ 分别为空间和时间步长。

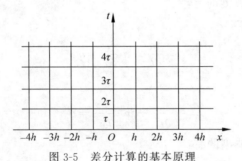

图 3-5  差分计算的基本原理

下面以对流方程为例介绍差分法的一些基本概念。

例如,对于式(3-27)的对流方程 $\dfrac{\partial u}{\partial t} + a \dfrac{\partial u}{\partial x} = q$,若已知其初始条件为

$$u(x, t_0) = \varphi(x), \quad u(x_j, t_0) = \varphi(jh)$$
$$u(x_0, t) = \eta(t), \quad u(x_0, t_i) = \eta(i\tau)$$

且记 $u_j^i = u(x_j, t_i)$,则用差分代替原方程的微分,可以得到

$$\left.\frac{\partial u}{\partial t}\right|_{\substack{x=jh \\ t=i\tau}} = \frac{u_j^{i+1} - u_j^i}{\tau}, \quad \left.\frac{\partial u}{\partial x}\right|_{\substack{x=jh \\ t=i\tau}} = \frac{u_{j+1}^i - u_{j-1}^i}{\tau}$$

对 $x$ 的偏微分采用"中心差"公式,如图 3-6 所示。原偏微分方程即变为如下差分方程

$$\frac{1}{\tau}(u_j^{i+1} - u_j^i) + \frac{a}{2h}(u_{j+1}^i - u_{j-1}^i) - q_j^i = 0$$

整理后得到

$$u_j^{i+1} = u_j^i - \frac{a\tau}{2h}(u_{j+1}^i - u_{j-1}^i) + q_j^i \tag{3-32}$$

式(3-32)称为一阶对流方程显式中心差公式,它可从初始条件 $u(x_j,t_0) = \varphi(jh), u(x_0,t_i) = \eta(i\tau)$ 出发,沿时间轴一层层往前推进。下一层($i+1$ 层)用到的是前一层($i$ 层)的计算值,因而也叫作两层格式。而在有些差分计算中,可能要用到前两层或多层的值,则相应地称之为三层格式或多层格式。

一阶对流方程的差分公式还有隐式表示,属两层格式,其表达式为

$$u_j^{i+1} = u_j^i - \frac{a\tau}{2h}(u_{j+1}^{i+1} - u_{j-1}^{i+1}) + q_j^{i+1} \tag{3-33}$$

式(3-33)基于 $\left.\frac{\partial u}{\partial t}\right|_{\substack{x=jh \\ t=i\tau}} = \frac{u_j^{i+1} - u_j^i}{\tau}$, $\left.\frac{\partial u}{\partial x}\right|_{\substack{x=jh \\ t=i\tau}} = \frac{u_{j+1}^{i+1} - u_{j-1}^{i+1}}{2h}$。

显然,在计算 $u_j^{i+1}$ 时用到了 $u_{j+1}^{i+1}$,但此时后者尚未计算出来,因而称之为"隐式"表示,如图 3-7 所示。隐式公式虽然实现起来比较困难,但具有稳定性强的优点。

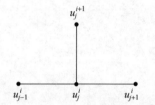
图 3-6 一阶对流方程显式中心差公式

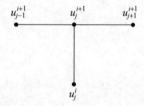
图 3-7 一阶对流方程隐式中心差公式

由此可见,对于同一个偏微分方程可有多种不同形式的差分法,从而得到不同形式的仿真模型。

### 3.3.3 线上求解法

上述介绍的差分法是一种经典的计算方法,而线上求解法(method on lines)是基于常微分方程仿真方法发展起来的另一大类偏微分方程仿真建模方法,也得到了广泛的应用。

实际上,偏微分方程与常微分方程的区别在于,前者有一个或多个空间变量作为自变量。线上求解法的基本思想是将空间变量离散化,而时间变量仍然保持连续,从而将偏微分方程转化为一组常微分方程,进而利用常微分方程的各种仿真算法进行数值计算。

线上求解法的基本原理比较简单,它利用常微分方程仿真算法的优点,仅在一个自变量方向采用差分法计算。仿真过程中,数值积分与差分交替进行。在应用这种方法时,正确选择差分方法可对空间变量求导,是保证仿真模型稳定性和计算精度的前提。

差分法和有限元法是分布参数系统仿真的两类基本方法。由于篇幅限制,本书仅简单介绍线上求解法的原理,不涉及有限元法,主要目的是让读者对分布参数

系统仿真建模问题有一个初步的了解。若要深入学习这些方法,还需进一步钻研专业书籍。

本章讨论了经典的连续系统仿真模型与计算方法。经典的数值积分法已经过多年研究,理论和方法相当完备。本书只选择其基本部分进行讨论,详细内容请读者参阅相关书籍和文献。

# 第 4 章

# 离散事件系统建模与仿真

## 4.1 基本概念

离散事件系统建模与连续系统建模具有较大的区别。离散事件系统的时间是连续变化的,而系统的状态仅在一些离散时间点上因随机事件的驱动而发生变化,因系统状态只是在离散时间点上发生变化,而引发状态变化的事件是随机发生的,在发生时间点上具有不确定性,这类系统的仿真称为离散事件系统仿真。无论是制造领域,还是工程应用或社会领域,离散事件系统都是大量存在的,如库存系统、制造系统、物流系统、订票系统、交通控制系统、军事仿真系统等。

**例 4-1** 某个理发馆只有一个理发师,上午 9:00 开门营业,下午 5:00 关门,在新冠疫情期间顾客到达分为预约和随机两种方式,每个顾客的服务时长也是随机的。该理发馆系统的状态量包括理发师在某个时间忙或闲(服务台提供服务的状态)、顾客排队的等待时间或人数。显然这些状态量的变化只能在离散的随机时间点上发生。

离散事件系统虽然包括多种类型,但它们的组成要素基本上相同。下面首先介绍离散事件系统的基本组成。

### 1. 实体

实体是组成系统的个体,也是系统描述的三个要素之一。在离散事件系统中,实体可分为两大类,即临时实体和永久实体。

在系统中只存在一段时间的实体叫作临时实体。这类实体由系统外部到达并进入系统,通过系统服务,最终离开系统。例 4-1 中的顾客显然属于临时实体,他们按照一定的规则(预约或随机)到达系统(理发馆),经过排队等待一段时间并接受服务员(理发师)的服务后离开系统。永久性驻留在系统中的实体称为永久实体,它是系统处于活动状态的必要条件。只要系统处于活动状态,这些实体就存在。比如,例 4-1 中的理发师就属于永久实体。

临时实体按一定规律不断到达系统,在永久实体作用下通过系统,最后离开系统,整个系统呈现为动态过程。

### 2. 事件

事件是引发系统状态发生变化的行为,它是描述离散事件系统的另一个重要概念。一个系统中一般包含多类事件,而事件的发生往往与某一类实体相联系,某一事件的发生还可能引发其他事件发生,或成为另一类事件发生的条件。为实现系统事件的管理,仿真模型中必须建立事件表,事件表中记录每一个已发生或将要发生的事件类型、发生时间及与该事件相联系实体的有关属性等。由于事件的发生会导致状态的变化,而实体的活动可与一定的状态相对应,因而可用事件标识活动的开始与结束。

在例 4-1 中,可以将"顾客到达"称为一类事件,若理发馆原先无人排队等待,由于顾客到达,系统的状态(理发师的工作状态)就会由闲变忙,或使另一类系统状态(排队的顾客人数)发生变化(排队人数增加 1 人)。一个顾客接受服务后离开系统,也可以定义为一类事件,它可使服务台由忙变闲。

仿真模型是由事件驱动的,除系统中的固有事件(又称系统事件)外,还有所谓的"程序事件",用于控制仿真进程。例如,若对例 4-1 的系统进行从上午 9:00 到下午 5:00 的动态过程仿真,可将"仿真时间达到 8h 后终止仿真"定义为一个程序事件。该事件发生时,即可结束仿真模型的执行。

### 3. 活动

离散事件系统中的活动通常用于表示两个可以区分的事件之间的过程,它标志着系统状态的转换。例如,顾客到达事件与顾客开始接受服务事件之间可称为一个活动,该活动使系统的状态(排队人数)发生变化。顾客开始接受服务事件与顾客服务结束事件之间也可以称为一个活动,它使服务员由忙变闲。活动总是与一个或几个实体的状态相对应。

### 4. 属性

属性是对实体特征的描述,也称为描述变量,一般是实体拥有的全部特征的子集,用特征参数或变量表示。

选用哪些特征参数作为实体的属性与仿真目的有关,一般可参照如下原则选取。

(1) 便于实体分类。例如,将理发店顾客的性别(男、女)作为属性考虑,可将"顾客"实体分为两类,每类顾客使用不同的服务台。

(2) 便于实体行为的描述。例如,将飞机的飞行速度作为属性考虑,便于对"飞机"实体的行为(如两地间的飞行时间)进行描述。

(3) 便于排队规则的确定。例如,生产线上待处理工件的优先级有时需作为"工件"实体的属性考虑,以便"按优先级排队"规则的建立与实现。

### 5. 状态

状态是对实体活动的特征状况或性态的划分,其表征量为状态变量。如在理发店服务系统中"顾客"有"等待服务""接受服务"等状态,"服务员"有"忙""闲"等状态。状态可作为动态属性进行描述。

**6. 进程**

进程由若干个有序事件及若干个有序活动组成。一个进程描述了它所包括事件及活动之间的相互逻辑关系及时序关系。如例 4-1 中,一个顾客从到达系统,到排队、接受服务,再到接受服务后离去可称为一个进程。事件、活动、进程三者之间的关系如图 4-1 所示。

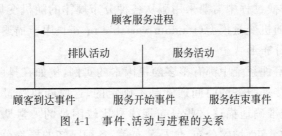

图 4-1　事件、活动与进程的关系

**7. 仿真时钟**

仿真时钟用于表示仿真时间的变化,它是仿真进程的推进机制。在离散事件系统仿真中,引起状态变化的事件发生时间是随机的,因此仿真时钟的推进步长也是完全随机的;而且,在两个相邻发生的事件之间系统状态不会发生任何变化,因而仿真时钟可以跨过这些"不活动"周期,从一个事件发生时刻直接推进到下一个时刻,仿真时钟的推进呈跳跃性,推进的速度具有随机性。

**8. 统计计数器**

统计计数器是在离散事件系统中进行各类数据统计和计数的部件。离散事件系统的状态变量随事件的不断发生呈现出动态变化过程,它们只在统计意义下才有参考价值。某一次仿真运行获得的状态变化过程只是随机过程的一次取样,如果再进行一次独立的仿真运行,得到的状态变化过程则完全是另一种情况。例如,在例 4-1 的单服务台系统中,由于顾客到达的时间间隔具有随机性,服务员为每位顾客提供的服务时长也是随机的,因而在某一时刻,各次仿真运行时顾客排队的人数或服务台的忙闲情况完全不确定。在分析系统时,感兴趣的可能是系统的平均排队人数、顾客的平均等待时间或服务员的时间利用率等。仿真模型中需要一个统计计数部件,以便统计系统中的有关变量。

## 4.2　离散事件系统建模

在离散事件系统仿真建模时,需要将面向仿真的离散事件系统模型转换为仿真模型。由于离散事件系统的复杂性,目前尚未有统一的建模方法。

对于离散事件系统的建模问题,可根据系统研究的目的分三个层次进行理论模型描述,即逻辑层次、代数层次和统计性能层次。逻辑层次着眼于离散事件系统中事件和状态的逻辑序列关系,采用的数学工具包括形式化语言/有限自动机、Petri网、马尔可夫链等。代数层次着眼于离散事件系统物理时间上的代数特性和运动过程,采用的数学工具包括极大、极小代数等。统计性能层次则着眼于通过统计分析获得系统性能,通常采用的数学工具包括排队论、广义半马尔可夫过程等。

离散事件系统中,许多事件的发生是随机的。由于离散事件系统中随机因素的存在,在系统建模过程中需要采用服从各种分布规律的随机变量,描述系统中存在的随机事件。随机变量模型(random variable model)用于描述离散事件系统中随机事件的概率分布形式。

典型的离散事件系统中都有很多随机因素的实例,例如在排队系统中,顾客到达的时间间隔和接受服务的时间通常是不确定的,这些随机变量通常满足一定的分布规律,而完全准确地描述这些分布规律是比较困难的。常见的随机变量模型有正态分布、指数分布、均匀分布、伽马分布等,各种已知的概率分布都有其不同的特性。因此,如何确定各种随机变量的概率分布形式,建立合理的随机变量模型,也是系统建模的主要任务之一。

仿真时钟用于模拟实际系统的时间属性,模型中的时间变量就是仿真时钟。系统的动态特性表现为系统状态随时间变化而变化,离散事件系统仿真就是要使模型在系统状态发生变化的时间点上体现实际系统的动态行为。仿真过程中,仿真时钟的取值称为仿真时钟的推进,两次连续取值的间隔称为仿真步长。离散事件系统仿真中的仿真时钟推进方法大多采用"下一最早发生事件的发生时间"(next event scheduling)的方法。由于事件发生时间的随机性,仿真时钟推进步长也是随机长度,若相邻两事件之间的系统状态不发生任何变化,仿真时钟就会跨过这些"不活动"周期,呈现出跳跃性,其推进速度具有随机性,这是离散事件系统仿真与连续系统仿真的重要区别之一。

因此,在对离散事件系统进行仿真时,仿真模型需要产生服从某种分布的随机变量,以模拟离散事件系统的实际运行过程。离散事件系统是状态只在离散时间点上发生变化的系统,且离散时间点一般不确定。由于离散事件系统这种固有的随机性,对这类系统的研究往往是十分困难的。经典的概率及数理统计理论、随机过程理论虽然为研究这类系统提供了理论基础,并能对一些简单系统提供解析解,但对工程应用中的很多实际系统,唯有依靠计算机仿真技术,才能提供比较完整的结果。

## 4.3 离散事件系统仿真策略

离散事件系统仿真的核心问题是建立描述系统行为的仿真模型。它与连续系统的主要区别在于,离散事件系统的模型难以采用某种规范的形式,而通常采用流程图或网络图的形式,以准确定义实体在系统中的活动,因而仿真策略是离散事件系统仿真的重点问题。

在某个复杂的离散事件系统中,通常存在诸多实体,这些实体之间相互联系,相互影响。然而其活动的发生统一在同一时间基上,采用何种方法推进仿真时钟,以建立各类实体之间的逻辑联系,这是离散事件系统仿真建模方法学的重要内容,也称仿真算法或仿真策略。

目前,存在四种比较成熟的仿真建模方法,即事件调度法(event scheduling,ES)、活动扫描法(activity scanning,AS)、进程交互法(process interactive,PI)和三阶段法(three phases,TP)。在建立仿真模型时,可根据需要在同一个仿真模型中同时采用几种仿真策略,而并非只拘泥于某种单一的仿真策略。

**1. 事件调度法**

事件是离散事件系统中最基本的概念,事件的发生引发系统状态的变化。用事件的观点分析实际系统,通过定义事件及每个事件发生引发系统状态的变化,按时间顺序确定并执行每个事件发生时的相关逻辑关系,这就是事件调度法的基本思想。

在讨论事件调度法之前,先定义如下术语。

(1) 成分(component):对应系统中的实体,用于构造模型中的各个部分,根据其在模型中的作用,可分为两大类。

① 主动成分(active-type component):可以主动产生活动的成分。如排队系统中的顾客,他们的到达将产生排队活动或服务活动。

② 被动成分(passive-type component):本身不能激发活动,只有在主动成分作用下,才产生状态的变化。如排队系统中的服务台。

(2) 描述变量:是关于成分的状态、属性的描述。例如在排队系统中,顾客的到达时间是一个描述变量,它是顾客的一个属性;服务台服务是一个描述变量,它描述服务台的状态(闲或忙)。

(3) 成分间的相互关系:描述成分之间相互影响的规则。例如在排队系统中,顾客是主动成分,服务台是被动成分。服务台的状态受顾客影响与作用,其规则是:如果服务台"闲",顾客的到达则改变其当前状态,使其由"闲"到"忙";如果服务台"忙",则不再对服务台起作用,而作用于顾客自身——顾客进入排队状态或取消进入系统。实际上,在一个系统模型中,主动成分对被动成分可能产生作用,而主动成分之间也可能产生作用。

按这种策略建立模型时,所有事件均置于事件表中。模型中设有一个时间控制成分,仿真时该成分从事件表中选择发生时间最早的事件,并将仿真钟修改为该事件发生的时间,再调用与该事件相应的事件处理模块,该事件被处理完后返回时间控制成分。这样事件的选择与处理不断进行,直到满足仿真终止的条件或程序事件产生为止。

一个系统的非形式模型描述包括定义成分、描述变量及成分间的相互关系。根据上述非形式描述,可设计事件调度法的具体算法。

事件调度法仿真策略对于活动持续时间确定性较强(可以是服从某种分布的随机变量)的系统是比较方便的。但是,事件的发生不仅与时间有关,而且与其他条件有关,即只有满足某些条件时才会发生。在这种情况下,事件调度法策略的弱点就表现出来了,原因在于这类系统的活动持续时间具有不确定性,导致无法预定活动的开始或终止时间。

**2. 活动扫描法**

活动扫描法的基本思想是:系统由成分组成,而成分包含着活动,这些活动的发生必须满足某些条件;每一个主动成分均有一个相应的活动子例程;仿真过程中,活动的发生时间也是其条件之一,而且较之其他条件具有更高的优先权。

以 $D_\alpha(S)$ 判断成分 $\alpha$ 在系统状态 $S$ 下的条件是否满足(若 $D_\alpha(S)=\text{true}$,则表示满足;若 $D_\alpha(S)=\text{false}$,则表示不满足),$t_\alpha$ 表示成分 $\alpha$ 状态下某一发生变化的时刻,活动扫描法每一步要对系统中所有主动成分进行扫描,当 $t_\alpha \leq$ 仿真时钟当前值 TIME,且 $D_\alpha(S)=\text{true}$ 时,执行该成分 $\alpha$ 的活动子例程。所有主动成分扫描一遍后,再按同样顺序继续进行扫描,直到仿真结束。显然,活动扫描法包括对事件发生时间的扫描,因而也具有事件调度法的功能。

活动扫描法的仿真模型中,成分、变量的定义与事件调度法相同,成分间的相互关系除定义成分的活动外,还要定义 $D_\alpha(S)$ 及解结规则。

可以看到,活动扫描法的核心是建立活动子例程模型,包括此活动发生引发的自身状态变化,对其他成分状态产生的作用等,而条件处理模块则是这种仿真策略实现的本质,对应事件调度法中的定时模块。

**3. 进程交互法**

离散事件系统仿真建模的第三种方法是进程交互法。这种策略建模更接近于实际系统,从用户的观点看这种策略更易于使用。但从这种策略的软件实现来看,其比事件调度法及活动扫描法复杂得多。目前流行的许多仿真语言中都具有进程交互法建模功能,但其软件实现方法不尽相同。

进程交互法采用进程(process)描述系统,一个进程包含若干个有序事件及有序活动,它将模型中主动成分所发生的事件及活动按时间顺序进行组合,从而形成进程表,一个成分一旦进入进程,它将完成该进程的全部活动。

软件实现时,系统仿真时钟的控制程序采用两张事件表。其一是当前事件表(current events list,CEL),它包含从当前时间点开始有资格执行事件的事件记录,但尚未判断该事件发生的条件(如果有的话)。其二是将来事件表(future events list,FEL),它包含将来某个仿真时刻发生事件的事件记录。每个事件记录中包括该事件的若干属性,其中必有一个属性,表明该事件在进程中所处位置的指针。

当仿真时钟推进时,满足 $t_\alpha \leq$ TIME 的所有事件记录从 FEL 移到 CEL 中,然后对 CEL 中的每个事件记录进行扫描,对于从 CEL 中取出的每个事件记录,首先判断它属于哪个进程及其在进程中的位置。该事件是否发生取决于发生条件是否满足。若 $D_{\alpha_i}(S)=\text{true}$,则发生包含该事件的活动,只要条件允许,该进程要尽可能多地连续推进,直到结束;若 $D_{\alpha_i}(S)=\text{false}$ 或仿真时钟要求停止,则退出该进程,然后对 CEL 的下一事件记录进行处理。当 CEL 中的所有记录处理完毕后,结束对 CEL 的扫描,继续推进仿真时钟,即将事件表中最早发生的事件记录移到 CEL 中,直到仿真结束。

由上面的讨论可以看到,进程交互法既可预定事件,又可对条件求值,它兼具事件调度法与活动扫描法两者的优点。

**4. 三阶段法**

三阶段法也结合了事件调度法与活动扫描法的优点,将整个仿真控制过程分为三个阶段,程序实现也颇为简单,因而在仿真应用中被大量采纳。

在三阶段法仿真策略中,将活动分为两类:①B 类活动,可明确预知起始时间和结束时间的活动,指该活动将在界定时间范围内发生;②C 类活动,即非 B 类活动,该类活动的发生或结束是有条件的,其发生时间是不可预知的。

三阶段法中每个实体必备的三个属性如下。

(1) 时间片(time cell):下一状态转移时间。只有该实体属于将来某时刻发生的 B 类活动时,该属性才有意义。

(2) 可用性(availability):取布尔值的标志,用于表示该实体能否属于将来某时刻发生的 B 类活动。换言之,是指将来某个时刻发生 B 类活动时,该实体可否被无条件占用。如果标志为"真"(true),则说明可用;如果标志为"假"(false),则说明不可用。

(3) 下一活动(next activity):像"时间片"属性一样,仅当"可用性"属性为"假"时,该属性才有意义,它表示"时间片"预期的 B 类活动。

三阶段法的工作流程如图 4-2 所示。

1) A 阶段:时间扫描

扫描事件表,找出下一最早发生事件。将系统仿真时钟推进到该事件的发生时刻。系统时钟一直保持这一时刻,直到下一个 A 阶段发生。具体做法是:仿真控制程序搜寻出那些"可用性"属性为"假"且具有最小时间片的实体,并将该时间片作为下一最早事件发生时刻。需要注意的是,此时可能有多个 B 类活动在下一时刻发生,因而仿真控制程序必须记录该时刻所有的不可用实体而形成一个 DueNow 列表。

2) B 阶段:执行 DueNow 列表

一旦 DueNow 列表形成,仿真控制程序将顺序扫描列表中的实体,从中挑选可执行的实体,对每个可执行实体进行如下操作:①将实体从 DueNow 列表中删除;②将该实体的"可用性"属性置为"真";③执行该实体"下一活动"属性所代表的活

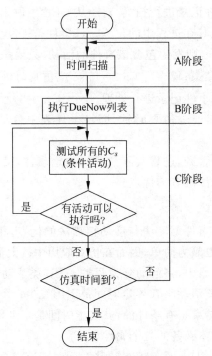

图 4-2 三阶段法的工作流程

动。需要注意的是，执行相应的 B 类活动将导致同一实体或其他实体归属于当前 B 类活动或其他未来的 B 类活动。

3) C 阶段：查询 C 事件表

逐一对相关事件进行条件测试，判断条件是否满足。如果条件满足，则执行相应的动作。在查询 C 事件表期间，保持当前仿真时钟不变，直到所有的 C 事件都不满足启动条件。

三阶段法要求严格按照流程框图进行建模，DueNow 事件表的维护是仿真的关键。

这四种仿真策略各有其优缺点，在离散事件系统仿真中均得到了广泛应用。有些仿真语言采用某一种策略，有的则允许在同一个仿真语言中采用多种策略建模，以满足不同用户的需要。显然选择何种策略进行仿真建模取决于被研究系统的特点。一般而言，如果系统中各成分相关性较低，宜采用事件调度法；如相反宜采用活动扫描法；如果系统成分的活动比较规则，则宜采用进程交互法或三阶段法。在具体编写离散事件系统仿真程序时，多数情况下不是单一采用某一种仿真策略，而是往往将这四种仿真策略有机结合起来使用。

本节讨论了四种不同的仿真策略。由于篇幅限制，本书仅介绍了其基本原理，算法实现的详细过程请读者参阅相关书籍和文献。

## 4.4 服务台排队问题

### 4.4.1 排队系统的模型描述

排队网络模型是离散事件系统研究领域最早形成的模型描述理论之一,这种建模方法也称为排队网络方法。

排队网络是由若干个服务台按照一定的网络结构组成的系统。服务台称为永久实体。顾客按一定的统计规律进入某个服务台,按约定的排队规则等待,服务台按约定的顺序为顾客提供服务,为顾客提供服务的时间服从某种统计规律。顾客称为临时实体,其在得到所需的服务后离开服务台,然后进入下一个服务台,或者所有服务结束后离开服务网络。

排队网络模型常用下列三个特征描述:①顾客到达系统的间隔时间;②服务台为顾客服务的时间;③服务台的数量。间隔时间和服务时间可分别用某种统计分布描述。

1) 顾客到达模式

顾客到达模式一般按照到达时间间隔描述,可分为确定性到达和随机性到达。随机性到达采用概率分布描述,最常用的是平稳泊松过程,其到达时间间隔服从指数分布。

假设每个顾客都是随机独立到达的,下一位顾客的到达与前一位顾客的到达时间无关,而受平均到达速度的限制,顾客平均到达速度已知且为常数。在 $(t, t+\Delta t)$ 区间内到达的概率正比于 $\Delta t$,而与 $t$ 无关。系统中 $t$ 时刻到达 $n$ 个顾客的概率可用数学表达式表示

$$p_n(t) = \frac{(\lambda t)^n e^{-\lambda t}}{n!}, \quad n = 0, 1, 2, \cdots \tag{4-1}$$

其中,$\lambda$ 为单位时间内平均到达的顾客数,即平均到达速度。

平稳泊松过程的两位顾客到达的间隔时间 $t$ 也是随机变量,其概率密度函数为

$$f(t) = \lambda e^{-\lambda t} = \frac{1}{\beta} e^{-t/\beta}, \quad t \geqslant 0 \tag{4-2}$$

其中,$\beta = 1/\lambda$ 为顾客到达时间间隔的均值。其分布函数表示在 $(0, t)$ 间隔内有一位和一位以上的顾客到达概率之和,数学表达式为

$$F(t) = 1 - e^{-\lambda t} \tag{4-3}$$

2) 服务模式

服务台为顾客服务的时间可以是确定性的,也可以是随机的。后者采用服务时间的概率分布描述。

3) 排队规则

表示服务台结束当前的顾客服务后,选择下一个顾客作为服务对象的原则。根据服务对象的重要程度,按优先级别在候选的顾客队列中选择最优先的服务对象。常用的规则如下。

先到先服务(first come first served,FCFS):优先选择最早进入队列的服务对象。

后到先服务(last come first served,LCFS):优先选择最晚进入队列的服务对象。

最短作业时间(shortest processing time,SPT):优先选择服务时间最短的对象。

最早到期日(earliest due date,EDD):优先选择完工期限紧的服务对象。

4) 服务流程

当系统中有多个服务台、多个队列时,服务台如何从某一队列中选择某个服务对象,称为服务流程问题。它包括各队列之间的关系,如服务对象可否变换队列及换队规则等。

排队系统普遍使用的性能指标包括以下五种:①顾客在队列中的平均等待时间;②顾客在系统中的平均滞留时间;③顾客排队的平均人数;④系统中顾客数量的稳态概率分布;⑤服务台的利用率。这些指标表征了排队系统的主要过程与行为特性,一般只能通过仿真方法才能得到性能的估计值。

1) 顾客在队列中的平均等待时间 $d$

$$d = \lim_{n \to \infty} \sum_{i=1}^{n} D_i / n \tag{4-4}$$

其中,$D_i$ 为第 $i$ 个顾客的延误时间,$n$ 为接受服务的顾客数。平均延误时间是顾客在队列中的平均等待时间。

2) 顾客通过系统的平均滞留时间 $w$

$$w = \lim_{n \to \infty} \sum_{i=1}^{n} W_i / n = \lim_{n \to \infty} \sum_{i=1}^{n} (D_i + S_i) / n \tag{4-5}$$

其中,$W_i$ 为第 $i$ 个顾客通过系统时的滞留时间,等于顾客在队列中的等待时间 $D_i$ 与该顾客接受服务的时间 $S_i$ 之和。

3) 稳态平均队列人数 $Q$

$$Q = \lim_{T \to \infty} \int_0^T Q(t) \mathrm{d}t / T \tag{4-6}$$

其中,$Q(t)$ 为 $t$ 时刻的队列长度,即顾客排队的平均人数,$T$ 为系统运行时间。

4) 系统中稳态平均顾客人数 $L$

$$L = \lim_{T \to \infty} \int_0^T L(t) \mathrm{d}t / T = \lim_{T \to \infty} \int_0^T (Q(t) + S(t)) \mathrm{d}t / T \tag{4-7}$$

其中,$L(t)$为 $t$ 时刻系统中的顾客数,它是队列中的顾客数 $Q(t)$ 与正在接受服务的顾客数 $S(t)$ 之和。

5）服务台的利用率 $\rho$

$$\rho = \frac{\text{平均服务时间}}{\text{平均到达时间间隔}} (\rho < 1) \tag{4-8}$$

### 4.4.2 单服务台排队系统仿真

4.4.1 节介绍的排队网络模型主要特征,一般用符号 GI/G/S 表示,其含义如下。

GI(general independent)表示顾客到达模式,若为平稳泊松过程,其到达时间间隔服从指数分布,用 M 表示(马尔可夫过程);若为 Erlang 分布,则用 $E_K$ 表示,K 表示 Erlang 分布的维数;若为确定性时间间隔,则用 D 表示。

G(general)表示服务台为顾客服务时间的分布,分布函数的符号与 GI 相同。

S 表示系统中按 FCFS 规则服务的单队列并行服务台的数目。

这样单服务台单队列的排队系统中,如图 4-3 所示,顾客到达的时间间隔服从指数分布,服务时间也服从指数分布,且按 FCFS 规则服务,该排队系统可记为 M/M/1。

图 4-3  M/M/1 排队网络模型

1）顾客到达模式

在 M/M/1 系统中,每个顾客是随机独立到达的,下一位顾客的到达与前一位顾客的到达时间无关,顾客到达系统的时间间隔 $A_i$ 服从指数分布,由式(4-2)得

$$f(A) = \frac{1}{\beta_A} e^{-A/\beta_A}, \quad A \geqslant 0 \tag{4-9}$$

在对该系统进行仿真时,每个顾客都是随机独立到达的,首先需要产生符合这一分布特征的随机变量。为了从式(4-9)中产生顾客到达的时间间隔 $A_i$,针对这种简单分布的情况,可以采用 $f(x)$ 对应的分布函数 $F(x)$ 反函数的方法(反变换法)。具体说明如下。

设 $u$ 为 $[0,1]$ 取值范围内服从均匀分布的随机变量,即

$$u = F(x) = \begin{cases} 0, & x < 0 \\ x, & 0 \leqslant x \leqslant 1 \\ 1, & x > 1 \end{cases} \tag{4-10}$$

对于式(4-10),通过反变换法用 $u$ 对 $F(A)$ 进行取样,即令 $u_1 = F(A) = 1 - e^{-A/\beta_A}$,则 $A = -\beta_A \ln(1-u_1)$,此时由于 $u_1$ 为 $[0,1]$ 之间均匀分布的随机变量,

那么$(1-u_1)$也是$[0,1]$之间均匀分布的随机变量,因而可令$A=-\beta_A \ln u_1$。

2)服务模式

设服务员为每个顾客的服务时间$s$也服从指数分布,均值为$\beta_s$,即

$$f(s)=\frac{1}{\beta_s}e^{-s/\beta_s} \quad (4-11)$$

同样地,对于$u_2=F(s)=1-e^{-s/\beta_s}$,也可得到$s=-\beta_s \ln u_2$。

3)服务规则

由于M/M/1是单服务台系统,考虑系统中顾客按单队列排队,服务员以FCFS(先到先服务)规则优先选择最早进入队列的服务对象进行服务。

对于M/M/1排队系统,上一小节定义的系统稳态的平均延误时间、顾客通过系统的平均滞留时间、平均队列人数和平均顾客人数等四项指标可通过解析计算得到,即

$$d=\frac{Q}{\lambda}, \quad w=\frac{L}{\lambda}, \quad Q=\frac{\rho^2}{1-\rho}, \quad L=\frac{\rho}{1-\rho} \quad (4-12)$$

定义系统事件是仿真建模十分重要的阶段。首先,要根据仿真的目的和系统的内部行为特征确定系统的状态变量。不同系统的系统状态定义不同;即使是同一系统,仿真的目的不同,系统状态的定义也可能不同。其次,在定义系统状态的基础上,定义系统事件及其有关的属性。

对于单服务台系统,系统的状态可以采用顾客排队的人数及服务员的忙闲状态描述。相应地,引发这些状态发生变化的事件包括顾客到达系统事件、顾客接受服务事件、顾客接受完服务离开系统事件。这三类事件的类型及属性见表4-1。

表4-1 单服务台系统三类事件的类型与属性

| 事件类型 | 事件描述 | 属性 |
| --- | --- | --- |
| 第1类 | 顾客到达系统 | 到达时间 |
| 第2类 | 顾客接受服务 | 开始服务时间 |
| 第3类 | 顾客接受完服务离开系统 | 离开时间 |

**例4-2** 某个银行只有一台自动存取款机,可以一天24h提供不间断自助服务,假设顾客到达时间是随机的,到达时间间隔$t$服从均值$\beta=5\min$的指数分布,每个顾客在机器上的存取款服务时长也是随机的,服从均值$\beta_s=4\min$的指数分布,顾客在机器提供服务前按单队列排队等候,且遵守先到先服务规则。要求通过仿真的方法,求顾客排队的平均等待时间和平均排队人数。

这是典型的M/M/1单服务台排队系统仿真问题,仿真的目的是估算该机器服务$n$个顾客后的平均排队人数$Q(n)$和平均排队等待时间$d(n)$,可参考式(4-4)和式(4-6)得到相应的算式

$$d(n)=\sum_{i=1}^{n} D_i / n \quad (4-13)$$

$$Q(n) = \frac{1}{T}\sum_{i=1}^{n} R_i = \frac{1}{T}\sum_{i=1}^{n} q_i(b_i - b_{i-1}) \qquad (4\text{-}14)$$

其中，$D_i$ 为第 $i$ 个顾客排队等待时间，$Q(t)$ 为 $t$ 时刻排队等待的顾客数，$T$ 为完成 $n$ 个顾客服务所用时间，$b_i$ 为第 $i$ 个任何一类事件发生的时间，$R_i$ 为时间区间 $[b_{i-1}, b_i]$ 中排队人数 $q_i$ 乘以该时间期间长度 $(b_i - b_{i-1})$。

如图 4-4 所示，在任何相邻的事件时间区间上，系统的状态不发生变化，因而顾客排队的人数 $q_i$ 在 $(b_i - b_{i-1})$ 内保持常数，那么对式（4-6）的积分计算实际上只需计算 $R_i$ 即可。

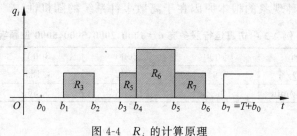

图 4-4　$R_i$ 的计算原理

在该图中，$b_1$、$b_3$、$b_4$、$b_7$ 时刻顾客到达，$b_2$、$b_5$、$b_6$ 时刻顾客离开。

按事件调度法推进仿真时钟的机理，其仿真程序框架可用图 4-5 表示，接下来就可以编制该系统的仿真程序了。

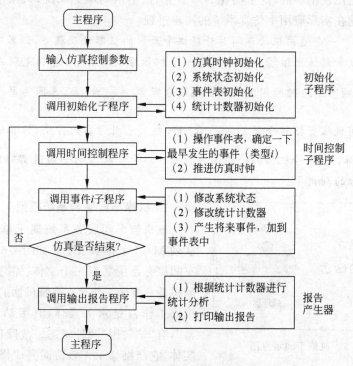

图 4-5　事件调度法程序框架

这里直接给出例 4-2 的一个仿真运行输出结果：当仿真运行到系统服务完 $n=3000$ 位顾客时结束，得到的仿真结果是平均排队人数 3.181 人，平均每个顾客的等待时间为 15.563min。

对于 M/M/1 系统，可以用解析法求得该系统性能的稳态理论值。由 $\beta=5\min, \beta_s=4\min$，可得 $\lambda=0.2, \rho=0.8$，代入式(4-12)得 $Q=3.2$ 人，$d=16.0\min$。可见上述仿真结果很接近该系统的稳态理论值，说明该仿真的结果是可信的。

但需要注意的是，并不是任何情况下都能得到这样准确的仿真结果。实际上，对于例 4-2，当仿真长度($n$)为 1000,2000,3000,5000 位顾客时结束，其仿真结果见表 4-2。产生这种现象的根本原因在于离散事件系统的随机性。

表 4-2　例 4-2 中仿真运行服务完 $n=1000,2000,3000,5000$ 位顾客的结果

| 仿真长度 $n$/个 | 1000 | 2000 | 3000 | 5000 |
| --- | --- | --- | --- | --- |
| 平均排队人数 $Q$/个 | 3.916 | 3.62 | 3.181 | 3.425 |
| 平均等待时间 $d$/min | 19.723 | 17.586 | 15.563 | 16.982 |

## 4.5　机修车间维修服务系统仿真实例

机修车间维修服务系统是一个典型的离散事件系统。对这类工程实际系统的研究通常是比较困难的，这里简化为单服务台、单队列服务系统，只用于说明服务台排队问题在实际应用中仿真系统的构建过程。

**例 4-3**　一个通用机修车间对外提供全天候的机器修理服务，顾客可将有问题的故障机器拿到这里维修。该车间有一个机器修理工作台，遵循先到先服务的排队规则，若顾客到达时间间隔服从负指数分布 $\lambda_1=\dfrac{1}{10}$ 台/天，车间为每个顾客提供的维修时间服从负指数分布 $\lambda_2=\dfrac{1}{15}$ 台/天，要求采用仿真的方法，仿真时间长度为 365 天，求解：①等修机器的平均等待时间；②等修机器的平均逗留时间；③机修车间修理台的利用率。

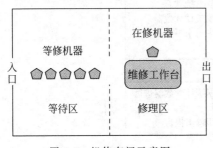

图 4-6　机修车间示意图

**1. 机修车间服务系统模型**

该机修车间服务系统属于单服务台、单队列 M/M/1 排队系统。如图 4-6 所示，机修车间服务系统共有三个实体：需要修理的故障机器；维修工作台；待修机器的等待队列。维修工作台是永久实体，其活动为"维修机器"，有"忙""闲"两种状态。故障机器是临时实体，它与维修工作台协同完成修理活动，有

"等待服务""接受服务"等状态(与修理台"忙"状态相对应)。待修机器的等待队列作为一类特殊实体,其状态以队列长度表示。

采用实体流程图方法建立维修服务系统模型。"故障机器到达"事件或"待修机器结束排队"事件将导致"机器修理"活动开始,"机器修理完成离开"事件会带来"机器修理"活动结束。临时实体(故障机器)产生、在系统中流动、接受永久实体(维修工作台)进行机器修理及修理完成后离开等过程如图4-7所示。

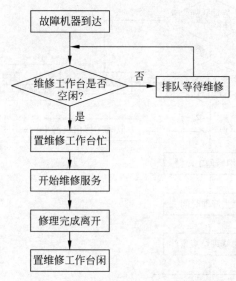

图4-7 机修车间服务系统实体流程图

**2. 仿真模型**

根据机修车间服务系统的实体流程图,可以采用进程交互法的仿真策略。由于它是一个单服务台排队系统,因而只需给出故障机器的处理进程,就可以描述所有事件的处理流程。故障机器的整个处理进程包括:机器到达维修现场的等待区;排队等待;进入服务通道和修理区;停留于修理区接受维修服务,修理完毕后离开。

单一维修工作台排队系统的故障机器处理进程如图4-8所示,图中*表示无条件延迟的复活点,即故障机器到达、维修工作台修理预先确定的延迟期满后才复活;"+"表示条件延迟的复活点,即队列中的故障机器等到维修工作台空闲且自身处于队首时才能离开队列,接受维修服务。

仿真模型中最关键的处理步骤是故障机器到达事件和机器修理完毕事件的处理。

故障机器到达事件发生时,首先要执行的操作是向未来事件表中插入下一

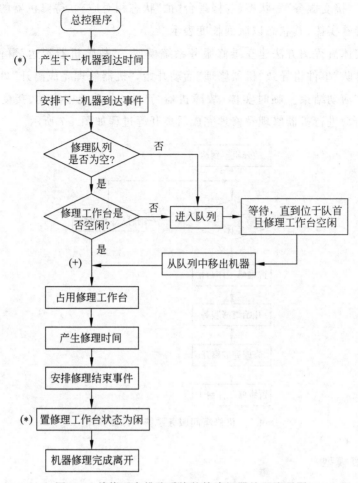

图 4-8 单修理台排队系统的故障机器处理流程图

故障机器到达事件,其事件发生时间为当前时钟时间加上到达间隔时间。接下来,测试维修工作台当前的忙闲状态。若忙,则故障机器实体进入队列列表等待;否则,故障机器实体将通过置维修工作台为"忙"状态占用维修工作台,并将修理完成事件插入未来事件表,其执行时间为当前时钟时间加上服务时间。故障机器到达事件将安排两个事件,图 4-9 为故障机器到达事件处理流程框图。

故障机器修理完成事件的第一件事是收集统计数据。接下来检查下一队列列表是否为空,若为空,则置维修服务平台为"闲";否则,从队列表中选出队列头部实体并安排下一修理完成事件,事件发生的时间为当前时钟时间加上修理时间。故障机器修理完成事件处理过程如图 4-10 所示。

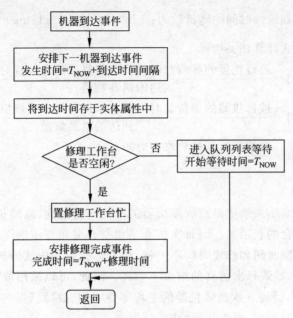

图 4-9 故障机器到达事件处理流程

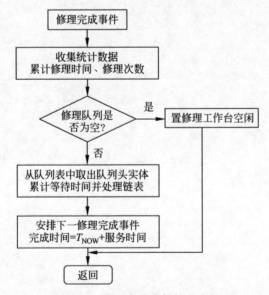

图 4-10 修理完成事件处理流程

## 3. 仿真算法

设 $u$ 为 $[0,1]$ 范围内服从均匀分布的随机变量，则

故障机器到达时间间隔的随机数为：$t_1 = -\dfrac{1}{\lambda_1}\ln u = -10\ln u$

每台故障机器维修时间的随机数为：$t_2 = -\dfrac{1}{\lambda_2}\ln u = -15\ln u$

再按以下算式计算相关指标

$$平均等待时间 = \dfrac{被修机器的等待总时间 + 待修机器的总等待时间}{到达的机器数量}$$

$$平均逗留时间 = \dfrac{被修机器的等待总时间和总修理时间 + 待修机器的总等待时间}{到达的机器数量}$$

$$修理台利用率 = \dfrac{被修理机器的总修理时间}{365 \text{天}}$$

**4. 仿真结果**

该实例的仿真结果期望得到故障机器的平均等待时间、故障机器的平均逗留时间和车间修理台的利用率。因每次仿真是由符合分布要求的随机数产生的，故障机器到达的间隔时间和修理时间不一样，仿真运行过程中故障机器等待维修的机器数也不一样，导致每次仿真的结果不一样。因此，可以采用取平均值的方法，即运行 $n$ 次程序，得到 $n$ 次故障机器的平均等待时间、故障机器的平均逗留时间、车间修理平台的利用率，再求其平均值。

# 第 5 章

# 单领域仿真及应用

## 5.1 模型表示与计算原理

所谓单领域仿真是指将复杂产品按照各部分涉及的不同领域划分为不同的子系统,如机械系统、控制系统、电子系统等,分别对不同的子系统进行性能仿真,如多体动力学仿真、控制系统仿真等。

单领域仿真实时过程中,在对某领域子系统进行建模时,由于系统之间的耦合关系,有些输入输出参数也会涉及其他领域子系统的输出输入。这种情况下,一般会对其他领域子系统模型进行简化,然后加入整个仿真系统。例如,在对车辆控制系统进行仿真时,为得到刹车控制系统的输入输出参数,往往将其受控的车辆动力学模型进行简化。这样的简化使模型建立过程和整个仿真过程更为简单。在仿真对输入输出参数要求不是十分严格的情况下,其结果也能符合设计指标的要求。

目前,单领域仿真在产品设计中被广泛采用,并出现了很多成熟的单领域仿真软件,比如有限元分析(ANSYS、MSC. NASTRAN、ADINA)、多体动力学(ADAMS、VisualNastran、DADS)、控制分析(Matlab、Matrix X、EASY5)等。

**1. 单一系统仿真步长控制原理**

复杂产品一般为连续系统,其模型一般可描述为微分方程组的形式。假设一个完整系统的模型可描述为大型常微分方程组的初值问题,即

$$\frac{dz(t)}{dt} = f(z(t), t), \quad z(t_0) = z_0, \quad z \in \mathbf{R}^{M+N} \tag{5-1}$$

其中,$t$ 为时间,$z(t)$ 为 $M+N$ 维空间的状态向量。对模型的仿真过程就是对该微分方程组的求解过程。

单一系统变步长仿真的基本思想是基于误差估计控制步长,理论相对成熟,高效、实用的算法较多。步长控制的一般方法是测量计算误差 $\varepsilon_k$,按某种给定的指标函数不断控制步长 $h$,使该指标函数达到最优。

实现步长控制的具体步骤为：①估计每步的计算误差；②给出一种容差控制指标；③不断改变步长以满足指标要求。

**2. 误差估计**

误差估计包括两种，即全局截断误差估计和局部截断误差估计，用于步长控制的主要是局部截断误差估计。各种积分算法都带有局部截断误差估计公式。

**3. 指标函数**

为保证计算效率与精度，可这样给出指标函数：

在保证误差 $E$ 不超过规定的最大误差限 $E_{\max}$ 的前提下，尽可能增加步长 $h$。当估计出 $\varepsilon_k$ 后如何给出误差 $E_k$，是给出绝对误差，还是相对误差，通常采用下式

$$E_k = \frac{\varepsilon_k}{|z_k + \delta|} \tag{5-2}$$

其中，$z_k$ 是变量 $z$ 的历史数据最大正值或负值。$\delta$ 是一个可选常数，比如 $\delta$ 取 1，表示当 $z_k \ll 1$ 时 $E_k$ 为绝对误差，而当 $z_k \gg 1$ 时 $E_k$ 为相对误差。

**4. 控制策略**

连续系统仿真可采用定步长和变步长两种方式。定步长方式在一次完整的仿真过程中步长保持不变，有时为了提高仿真精度要缩小步长，但会导致运算速度变慢。变步长方法综合了小步长积分的计算精度高和大步长积分求解快速的优点，既保证了仿真求解的精确性又提高了计算速度，有效地解决了计算准确性与实时性之间的矛盾，甚至可明显改善仿真系统的收敛速度和稳态性能，因而成为复杂系统仿真的优选方式。

## 5.2 机械系统仿真

### 5.2.1 机械领域仿真应用

工程领域的机械系统是由许多零部件构成的，在对这些复杂系统进行性能分析与优化设计时，通常将其分为两大类。一类为结构，其特征是在正常工况下构件间没有相对运动，人们关心的是这些结构在受到载荷时的强度、刚度与稳定性。另一类为机构，其特征是系统运动过程中这些部件间存在相对运动，如飞行器、汽车、机器人等复杂机械系统。

目前，计算机仿真技术在机械系统设计中的应用非常广泛，包括机械结构分析、多体动力学仿真、碰撞仿真、空气动力学仿真等，通过对产品各种性能（如汽车碰撞性、空气动力特性、可操作性、耐疲劳性）进行仿真分析，可对机械系统设计方案进行性能分析与优化。

**1. 结构分析**

在传统机械系统设计中，人们通常利用有限元分析方法对关键机械结构件进

行应力、应变的分析,其负载往往是静态的。在具体的结构分析仿真应用中,通常需要在产品三维几何模型的基础上,利用相关仿真软件进行分析计算。结构分析中计算得出的基本未知量(节点自由度)是位移,其他未知量(如应变、应力和反力)可通过节点位移导出。

典型的结构分析常用于如下工程问题。

(1) 静力学分析:用于求解静力载荷作用下机械结构的位移和应力等。静力分析包括线性和非线性分析,而非线性分析涉及塑性变形、大变形、大应变、超弹性、接触面和蠕变。

(2) 模态分析:用于计算机械结构的固有频率和模态。

(3) 谐波分析:用于分析机械结构随时间正弦变化载荷作用下的系统响应。

(4) 谱分析:用于计算响应谱或随机振动引起的应力和应变。

(5) 屈曲分析:用于计算屈曲载荷并确定屈曲模态,可进行线性和非线性屈曲分析。

(6) 瞬态动力分析:用于计算机械结构随时间任意变化载荷作用下的响应,并可进行上述静力学分析中所有的非线性性质分析。

(7) 显式动力学分析:用于计算高度非线性动力学和复杂的接触问题。

结构分析问题一般包含以下三个主要步骤。

(1) 建模:通常需要先在有限元分析软件或三维(3D)建模软件中建立分析对象的几何模型,再定义单元类型、材料属性等,并进行有限元网格划分。

(2) 施加载荷和边界条件并进行求解:通常包括对分析对象施加载荷和各种约束条件,设置求解选项,进行分析计算。

(3) 结果评价和分析:主要包括计算结果的后处理,即应力、应变、位移等计算结果的分析和可视化显示。

**2. 耐疲劳性分析**

将多体动力学仿真分析得到的动态负载用于随后的机械结构有限元分析。这种将有限元分析和多体动力学分析综合的方法,被称为"耐疲劳性分析"。例如,汽车领域传统的耐疲劳性分析方法是先开发新车型的实物试验物理样车,再在实际路面条件下进行路试,时间长达几个月,不但耗时,而且成本高昂。目前,计算机仿真技术已应用于耐疲劳性分析领域。

**3. 碰撞仿真**

碰撞仿真是研究相对运动物体之间相互碰撞发生的速度、动量或能量改变现象并进行性能分析。例如,汽车新车型开发中,汽车碰撞性能是衡量汽车安全性的重要指标。碰撞发生时,汽车结构在巨大碰撞冲击力的作用下发生大位移的弹性变形。碰撞仿真涉及两类关键技术:碰撞建模技术与大规模并行计算技术。通常需要对汽车的整个结构进行网格划分,相邻网格的实体则互相作用。为了取得足够的置信度,往往需要对汽车结构进行至少十万数量级的网格实体划分。目前,这方面的研究已经实用化,汽车碰撞仿真已被用于汽车碰撞性能测试,以全部或部分代替实物样车试验。

**4. 计算流体动力学仿真**

计算流体动力学(computational fluid dynamics,CFD)是流体力学、数值计算和计算机科学相结合的一门交叉科学。它是将流体力学控制方程中的积分、微分项近似地表示为离散的代数形式,使其成为代数方程组,然后通过计算机求解这些离散的代数方程组,获得离散时间/空间点上的数值解,在给定的参数下利用计算机的快速计算能力得到流体控制方程的模拟实验数值。CFD 兴起于 20 世纪 60 年代,90 年代后随着计算机性能的提高得到了快速发展,逐渐与实验流体力学一起成为产品开发的重要手段。例如,车厢内部制冷、加热仿真;汽车内部采暖、通风和空调(HVAC)单元仿真等。

**5. 空气动力学仿真**

空气动力学是一门专门研究物体与空气相对运动情况下的受力特性、气流规律及其性能变化的学科,它是在流体力学基础上发展起来的。空气动力学仿真在飞行器、高速铁路、汽车等复杂产品开发中得到广泛应用,涉及产品的运动性能、稳定性和操纵性等问题。例如,汽车空气动力学与整车的造型息息相关,会影响整车的造型设计,对整车振动噪声的控制也有较大影响。汽车空气动力学性能主要影响高速时的风阻系数,从而影响高速时的汽车油耗和动力性能。汽车外部空气动力学对汽车安全性、稳定性和汽车油耗都有重要影响。很多汽车公司已经采用仿真技术对新车型进行外部空气动力学和空气声学的研究分析,以取代或部分取代利用实物样车进行风洞测试的方法。

**6. 机械动力学仿真**

通常用于研究机械系统的位移、速度、加速度与其受力(力矩)之间的关系,解决系统的运动学、动力学、静平衡等问题。目前,多刚体动力学分析应用最为广泛。

运动学分析涉及机械系统及其构件的运动分析,主要是在不考虑力的作用情况下研究机械系统组成构件的位置、速度和加速度。动力学分析包括正向动力学分析和逆向动力学分析,正向动力学分析主要研究外力作用下系统的瞬态响应,包括运动过程中各约束反力,各构件位置、速度和加速度;逆向动力学分析主要是指由机械系统的运动确定运动副的动反力问题。静平衡分析主要是指确定系统在定常力作用下系统的静平衡位置。

### 5.2.2 机械运动学、动力学仿真

对于复杂的机械系统,人们关心的问题大致有三类。一是在不考虑系统运动起因的情况下研究各部件的位置、姿态及其变化速度与加速度的关系,称为系统的运动学分析;二是当系统受到静载荷时,确定在运动副制约下的系统平衡位置及

运动副静反力,这类问题称为系统的静力学分析;三是讨论载荷与系统运动的关系,即动力学问题。研究复杂系统在载荷作用下各部件的动力学响应是产品设计中的重要问题。已知系统的运动确定运动副的动反力问题是系统各部件强度分析的基础,这类问题称为动力学的逆问题。现代机械系统离不开控制技术,产品设计中经常遇到类似问题,即系统的部分构件受控,当其按已知规律运动时,外载荷作用下系统其他构件如何运动,这类问题称为动力学正逆混合问题。

20 世纪 60 年代,在计算机性能提高和生产实际需要的推动下,古典的刚体力学、分析力学与计算机相结合,产生了多体系统动力学。其主要任务如下。

(1) 建立复杂机械系统运动学和动力学程式化的数学模型,开发实现这个数学模型的软件系统,用户只需输入描述系统的最基本数据,借助计算机就能自动进行程式化处理。

(2) 开发和实现有效的处理数学模型的计算方法与数值积分方法,自动得到运动学规律和动力学响应。

(3) 实现有效的数据后处理,采用动画显示、图表等方式提供数据处理结果。

目前,多体系统动力学已经形成比较系统的研究方法,主要包括工程中常用的以拉格朗日方程为代表的分析力学方法、以牛顿-欧拉方程为代表的矢量学方法、图论方法、凯恩方法和变分方法等。同时,依托相关技术的仿真软件已得到广泛应用,如前美国机械动力公司(Mechanical Dynamics Inc.)的 ADAMS、CADSI 的 DADS、德国航天局的 SIMPACK 以及 Working Model、Flow3D、IDEAS、Phoenics、ANASYS 等。

机械系统的运动学和动力学仿真一般分为四个步骤:物理建模、数学建模、数值求解和结果分析。仿真的目的是对复杂机械系统进行运动学和动力学性能评估,从而优化设计参数,提高系统性能。

(1) 物理建模:主要是对实际系统进行简化,以标准的约束副、驱动力、机械构件建立与实际系统一致的物理模型,这一步骤是动力学仿真的基础,构建的模型就是动力学分析的研究对象。

(2) 数学建模:是由物理模型根据相关动力学理论生成描述系统运动学和动力学的方程。

(3) 数值求解:采用合适的数值算法和计算步长,求解运动学/动力学方程。数学建模与数值求解是最为复杂的步骤,在商用软件中,这两步基本实现了自动化,用户只要选择合适的求解器参数即可。

(4) 结果分析:主要是指计算后与试验结果的对比,商用软件后处理器一般都提供计算结果曲线绘制和动画回放功能。

## 5.2.3 多体系统仿真

多体动力学(multi-body dynamics,MBD)是研究多体系统(一般由若干个柔性和刚性物体相互连接组成)运动规律的科学。多体系统动力学包括多刚体系统动力学和多柔体系统动力学。它起源于多刚体系统动力学,多刚体动力学假设物体本身的变形很小,以致不会对系统整体运动产生明显影响。目前已不再强调系统中的物体是否为刚体,统称这两类系统为多体系统。

**1. 多体系统的模型描述**

多体系统是将机械系统建模为由一系列刚体(可包含柔性体)通过对相互之间的运动进行约束的关节(joints)连接而成的系统,即多个物体通过运动副连接的系统。图 5-1 就是一个描绘人体躯干结构的多体系统模型。

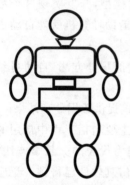

图 5-1 人体躯干结构的多体系统模型

在对多体系统进行运动学、动力学分析前,需要建立多体系统力学模型。多体系统力学模型是在软件工具环境下,基于多体构件施加载荷和约束的数字化模型,其中各构件、载荷和约束是由实际系统部件、载荷和约束进行简化、抽象和整合而得到的,这些抽象实质上是对系统如下 4 个要素进行定义。

1) 物体

多体系统中的构件定义为物体,包括刚体和柔体。运动学分析中,通常将那些运动形态需要特别关注的零部件定义为物体。在动力学分析中,物体的惯量特性是影响系统的重要参数,此时部件惯量的大小成为是否将部件定义为物体的一个重要依据。多体系统模型中物体的定义并不一定与工程对象中的零部件一一对应。一个低速运动对象零部件的弹性变形并不影响其大范围的运动形态,可以做刚性假定;高速情况下,大范围运动与弹性变形耦合容易引起复杂的动力学形态,物体必须做柔性假定。刚柔混合多体系统是多体系统中最常见的模型,基于问题简化的需要,多刚体系统模型则成为最基本的模型。

2) 铰

多体系统中物体间的运动约束定义为铰,也称为运动副。机构本身的运动副是铰的物理背景,还包括一些非机构运动副的运动约束,如曲柄滑块机构中的滑块等。铰连接的一对物体称为该铰的邻接物体。忽略铰的质量,将标志铰的几何点称为铰点。铰在物体上的分布情况将影响物体质心的位置、速度和加速度的分析。

3) 外力(外力偶)

将多体系统之外的物体对系统中物体的作用力定义为外力(外力偶)。重力是典型的外载荷。刚性体的力偶可以作用于构件的任意点;柔性体要考虑对构件弹性变形的影响,力偶必须作用于合适的作用点。

4) 力元

将多体系统中物体之间的相互作用定义为力元,也称内力。实际系统中零部件之间的相互联系,一种通过运动副,另一种则通过力的相互作用。两者的本质差异在于,前者限制了相连物体相对运动的自由度,后者却不存在这种限制。力元的作用必须通过物体实现,它描述了构件之间的相互作用方式和作用力大小。

**2. 拓扑构型**

为了利用系统动力学模型进行运动学和动力学分析,满足通过计算机进行数值分析的需要,还要将系统的拓扑构型进行数学描述。

多体系统内各物体的联系方式称为系统的拓扑构型。利用图论的方法,可对多体系统的拓扑构型做出直观描述。

假设将每个物体记作 $B_i(i=1,2,\cdots,n)$,$i$ 表示物体的序号,$n$ 为系统中物体的个数。铰用一条连接邻接物体的有向线段表示,记作 $H_j(j=1,2,\cdots)$,$j$ 表示铰的序号,同时描述了铰点所处的位置。这种由顶点和线段组成的有向图称为多体系统的结构图。其中,用有向线段表示铰,既能明确刚体之间相互作用力的正方向,又能定义相邻物体相对运动的参照关系。

铰与邻接物体的关系称为关联。设顶点 $B_i$ 沿一系列物体和铰到达另一顶点 $B_j$ 而没有一个铰被重复,则称这组铰(或物体)组成 $B_i$ 至 $B_j$ 的路。当系统中任意两顶点之间只有唯一的路存在时,称之为树系统,反之称为非树系统或带回路系统。图 5-2 所示为树系统的拓扑结构图示例。如果在 $B_1$ 和 $B_5$ 之间增加一个铰 $H_6$,则变为图 5-3 所示的带回路系统。

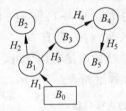 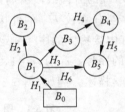

图 5-2  树系统的拓扑结构图示例      图 5-3  带回路系统的拓扑结构图示例

工程应用中,图 5-4 所示的常见的机器人手臂便是一个树系统的典型例子;而图 5-5 中的曲柄滑块机构则属于非树系统,它除根物体以外,还有两个物体和三个铰,铰的个数多于物体的个数,故为非树系统。

若人为解除非树系统中某些铰的约束,则可将非树系统转变为树系统,称为原系统的派生树系统。

如果多体系统力学模型与系统之外运动规律已知的物体有铰联系,则称该系统为有根系统。$B_0$ 表示系统外运动为已知的物体,称为系统的根,记作 $B_0$。具有固定基座的任何机械系统都是有根系统,图 5-4 和图 5-5 都是有根系统。反之,若系统模型与系统之外的运动规律为已知的物体无任何铰联系,则称之为无根系统。无根树系统的一个典型例子是卫星天线系统。无根系统可将参考坐标系视作抽象的根,并认为系统以抽象的虚铰与其根相联系。这样有根系统与无根系统可以在形式上取得一致。

图 5-4 机器人手臂(树系统)

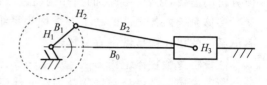

图 5-5 曲柄滑块机构(非树系统)

设有 $n$ 个物体 $B_i(i=1,2,\cdots,n)$ 和 $n$ 个铰 $H_j(j=1,2,\cdots,n)$ 组成的树系统,规定:若 $B_j$ 在 $B_0$ 至 $B_i$ 的路上,则称 $B_j$ 位于 $B_i$ 的内侧,或 $B_i$ 位于 $B_j$ 的外侧。与任意物体 $B_i$ 直接联系的内侧物体称为 $B_i$ 的内接物体,联系铰称为 $B_i$ 的内接铰,物体和铰按以下规则标号。

(1) 各物体的编号大于其内接物体的序号。

(2) 各物体与其内接铰有相同的序号。

(3) 表示铰的有向线段由内侧指向外侧。

按此规定,任意铰 $H_j$ 的外接物体的序号等于铰的序号 $j$,即 $H_j$ 的外接物体为 $B_j$。所有内接物体的序号 $i$ 定义为 $j$ 的整标函数 $i(j)$,且有 $i(j)<j$,$i$ 为 $H_j$ 的内接物体的序号。$i(j),j=1,2,\cdots,n$,称为该系统的内接物体数组,是对系统结构的一种数学描述。例如,图 5-2 中树系统的内接数组如表 5-1 所示。

表 5-1 图 5-2 所示的树系统的内接数组

| $j$ | 1 | 2 | 3 | 4 | 5 |
|---|---|---|---|---|---|
| $i(j)$ | 0 | 1 | 1 | 3 | 4 |

引入两个一维整型数组:$i^+(j)$ 和 $i^-(j)(j=1,2,\cdots,n)$。$i^+(j)$ 和 $i^-(j)$ 的值为与铰 $H_j$ 关联的两个物体的标号,且该铰由物体 $B_{i^+(j)}$ 指向物体 $B_{i^-(j)}$,则 $i^+(j)$ 和 $i^-(j)$ 称为关联数组,它与系统的拓扑结构图一一对应。

关联矩阵和通路矩阵是对系统结构的另一种数学描述。关联矩阵 $S$ 的行号和列号分别与物体和铰的序号相对应,其第 $i$ 行第 $j$ 列元素 $S_{ij}$ 定义为

$$S_{ij}=\begin{cases} 1, & \text{当 } H_j \text{ 与 } B_i \text{ 关联,且以 } B_i \text{ 为起点时} \\ -1, & \text{当 } H_j \text{ 与 } B_i \text{ 关联,且以 } B_i \text{ 为终点时} \\ 0, & \text{当 } H_j \text{ 与 } B_i \text{ 无关联时} \end{cases}$$

通路矩阵 $T$ 为 $n$ 阶方阵,与关联矩阵相反,其行号和列号分别与铰和物体的序号相对应,其第 $j$ 行第 $i$ 列元素 $T_{ji}$ 定义为

$$T_{ji} = \begin{cases} 1, & \text{当 } H_j \text{ 属于 } B_0 \text{ 至 } B_i \text{ 的路,且指向 } B_0 \text{ 时} \\ -1, & \text{当 } H_j \text{ 属于 } B_0 \text{ 至 } B_i \text{ 的路,且背向 } B_0 \text{ 时} \\ 0, & \text{当 } H_j \text{ 不属于 } B_0 \text{ 至 } B_i \text{ 的路时} \end{cases}$$

$S$ 和 $T$ 矩阵具有以下性质。

(1) $S$ 和 $T$ 均为上三角阵。

(2) $S$ 的对角线元素均为 $-1$,除第一列外,每一列另有一个非零元素 1,其余元素为零。

(3) $T$ 的第一行、对角线元素及其他非零元素全为 $-1$。

(4) $S$ 和 $T$ 互逆。

图 5-2 所示树系统的关联数组、关联矩阵和通路矩阵分别如表 5-2、表 5-3 和表 5-4 所示。最简单的多体系统结构为无分支的树结构,称为链结构。链结构的内接物体数满足 $i(j)=j-1$,其关联矩阵 $S$ 对角线右上方的次对角元素均为 1,通路矩阵 $T$ 为充满 $-1$ 元素的上三角阵。

表 5-2  图 5-2 所示的树系统的关联数组

| $j$ | 1 | 2 | 3 | 4 | 5 |
|---|---|---|---|---|---|
| $i^+(j)$ | 0 | 1 | 1 | 3 | 4 |
| $i^-(j)$ | 1 | 2 | 3 | 4 | 5 |

表 5-3  图 5-2 所示的树系统的关联矩阵

| $i$ | $j$ | | | | |
|---|---|---|---|---|---|
|  | 1 | 2 | 3 | 4 | 5 |
| 0 | 1 | 0 | 0 | 0 | 0 |
| 1 | $-1$ | 1 | 1 | 0 | 0 |
| 2 | 0 | $-1$ | 0 | 0 | 0 |
| 3 | 0 | 0 | $-1$ | 1 | 0 |
| 4 | 0 | 0 | 0 | $-1$ | 1 |
| 5 | 0 | 0 | 0 | 0 | $-1$ |

表 5-4  图 5-2 所示的树系统的通路矩阵

| $i$ | $j$ | | | | |
|---|---|---|---|---|---|
|  | 1 | 2 | 3 | 4 | 5 |
| 1 | $-1$ | $-1$ | $-1$ | $-1$ | $-1$ |
| 2 | 0 | $-1$ | 0 | 0 | 0 |
| 3 | 0 | 0 | $-1$ | $-1$ | $-1$ |
| 4 | 0 | 0 | 0 | $-1$ | $-1$ |
| 5 | 0 | 0 | 0 | 0 | $-1$ |

**3. 多刚体系统仿真分析**

多体系统仿真分析的主要任务是进行运动学和动力学计算。多体运动学的主要任务是求解刚体上任意一点在任一时刻的位置、速度和加速度,以及在某一个时间段的运动轨迹。动力学分析的主要任务是获得系统的动力学方程,并对方程进行数值求解,得到任一时刻各刚体之间的相互作用力等。

多体运动学和动力学分析软件一般包括三个基本模块:前处理模块、仿真计算模块和后处理模块,如图5-6所示。其中,前处理模块主要包括各种参数输入,建立分析模型。后处理模块主要包括结果的数表、图形和动画显示。仿真计算是其核心模块,涉及静力学分析、运动学分析和动力学分析三个核心过程。

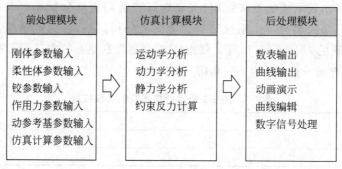

图 5-6 多体系统仿真分析软件的基本功能

### 5.2.4 案例分析

下面以六关节工业机器人作为案例分析对象,建立六关节工业机器人运动控制模型。如图5-7所示,六关节机器人是一种常见的串联机械臂型机器人,由电动机驱动的串联关节连杆组成,主体结构包括底座、肩部、手肘、手腕1、手腕2和手腕3。末端执行器安装在手腕3的顶端,六个关节可以旋转特定角度,控制末端执行器在其运动范围内完成三个坐标方向的平移或旋转动作,该运动满足空间运动的六个自由度,实现其规划的运动轨迹。

传统的六关节工业机器人运动控制模型可以采用理论上的数学建模方法。考虑末端执行器相对基座的坐标相对位置,通过完备的正运动学分析,可以得到末端执行器相对基座的位姿关于六个关节控制变量(即六个关节转角)的函数关系。其逆运动学分析则是通过逆向求解关节转角关于特定位姿的函数关系,判断为达到目标点而需要的控制输入(即六个关节的转角),以此实现对机器人的运动控制、误差补偿及规划的运动轨迹。

denavit-hartenberg(D-H)连杆运动学模型是六关节工业机器人正运动学参数分析的经典模型。利用D-H经典模型建立六关节机器人的连杆坐标系,即在机器人各连杆的关节处建立相应的虚拟坐标系。通过计算每个关节坐标系相对前一个

第 5 章 单领域仿真及应用

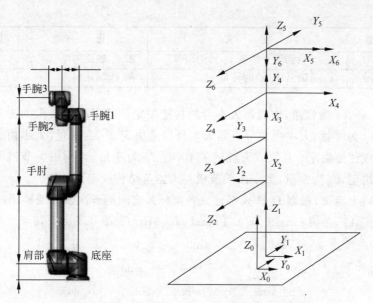

图 5-7 六关节工业机器人及其坐标抽象模型图示

关节处坐标系的变换矩阵,确定机器人末端在其基坐标系中的位姿。这样只有确定各关节的连杆长度转角等参数,才可以确定各关节的转换矩阵。工业机器人各关节的连杆参数如图 5-8 所示,其中 $i=1,\cdots,6$,表示六自由度机器人的六个转动关节。

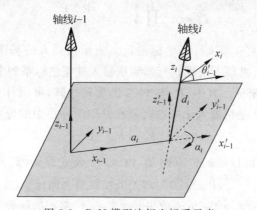

图 5-8 D-H 模型连杆坐标系示意

变量连杆长度 $a_i$、连杆转角 $\alpha_i$、关节距离 $d_i$、关节转角 $\theta_i$ 分别定义如表 5-5 所示。

表 5-5 连杆机器人 D-H 模型参数定义

| 变 量 | 定 义 | 正 向 | 说 明 |
| --- | --- | --- | --- |
| 连杆长度 $a_i$ | $z_{i-1}$ 轴到该坐标系 $z_i$ 轴的距离 | $x_{i-1}$ 轴正向 | 常量 |
| 连杆转角 $\alpha_i$ | $z_{i-1}$ 轴到该坐标系 $z_i$ 轴的转角 | 绕正向 $x_{i-1}$ 轴转动 | 常量 |

续表

| 变 量 | 定 义 | 正 向 | 说 明 |
|---|---|---|---|
| 关节距离 $d_i$ | $x_{i-1}$ 轴到该坐标系 $x_i$ 轴的距离 | 沿 $z_i$ 轴正向 | 常数 |
| 关节转角 $\theta_i$ | $x_{i-1}$ 轴到 $x_i$ 轴的转角 | 绕 $z_i$ 轴正向 | 变量 |

其中，$a_i$、$\alpha_i$ 为常量，由机器人本身的构造决定。若串联机器人的关节为平移关节，则 $d_i$ 为常量，大小由关节机器人本身构造决定，$\theta_i$ 为变量，大小由关节机器人控制相应位姿决定；若关节为旋转关节，则 $d_i$ 为变量，大小由关节机器人控制相应位姿决定，$\theta_i$ 为常量，大小由关节机器人本身结构决定。

基于以上定义，根据 D-H 模型建立各坐标系之间的齐次坐标变换矩阵为

$$A_i^{i-1} = \mathrm{Trans}(x, a_i) \cdot \mathrm{Trans}(z, d_i) \mathrm{Rot}(x, \alpha_i) \cdot \mathrm{Rot}(z, \theta_i)$$

$$= \begin{bmatrix} \cos\theta_i & -\sin\theta_i & 0 & a_i \\ \sin\theta_i \cos\alpha_i & \cos\theta_i \cos\alpha_i & -\sin\alpha_i & -d_i \sin\alpha_i \\ \sin\theta_i \sin\alpha_i & \cos\theta_i \sin\alpha_i & \cos\alpha_i & d_i \cos\alpha_i \\ 0 & 0 & 0 & 1 \end{bmatrix} \quad (5\text{-}3)$$

其中，$\mathrm{Trans}(x, a_i)$ 表示沿 X 轴平移 $a_i$ 长度的转换矩阵，$\mathrm{Rot}(x, \alpha_i)$ 表示 X 轴转动 $\alpha_i$ 角度的转换矩阵，$\mathrm{Trans}(z, d_i)$ 和 $\mathrm{Rot}(z, \theta_i)$ 同理。这样机器人末端在其末端执行器坐标系中的位姿在机器人基座坐标系下的相应位姿转换矩阵为

$$T_e^0 = A_6^0 \prod^6 A_i^{i-1} = \begin{bmatrix} R & P \\ 0 & 1 \end{bmatrix} \quad (5\text{-}4)$$

其中，{e} 表示机器人末端执行器坐标系，{0} 表示机器人的基座坐标系，齐次坐标矩阵 $T_e^0$ 本质上表示机器人末端执行器到机器人基座坐标系的变换，包括机器人的位置坐标及其姿态坐标。其中，$R$ 是 $3 \times 3$ 的旋转矩阵，可以计算出机器人末端执行器的方向姿态；$P$ 是机器人末端执行器在基础坐标系中的位置向量。

$$P = [P_x \quad P_y \quad P_z] \quad (5\text{-}5)$$

这里考虑末端执行器的位置向量，由 $A_i^{i-1}$ 公式可见，$T_e^0$ 中的位置向量 $P = [P_x \quad P_y \quad P_z]$，$P_x$、$P_y$、$P_z$ 分别为六关节控制输入向量 $[\theta_1 \quad \cdots \quad \theta_6]$ 的函数，更具体的应是向量元素 $\theta_i$ 的三角函数 $\sin\theta_i$ 或 $\cos\theta_i$ 乘积的函数。

$$\begin{cases} P_x = x(\theta_1 \quad \cdots \quad \theta_6) \\ P_y = y(\theta_1 \quad \cdots \quad \theta_6) \\ P_z = z(\theta_1 \quad \cdots \quad \theta_6) \end{cases} \quad (5\text{-}6)$$

连杆长度等静态参数的误差会导致关节机器人基于运动学和动力学的模型控制出现静态误差。

由以上六关节工业机器人正运动分析模型，可结合具体的应用场景，进一步研究工业机器人的运动路径规划和运动控制问题，限于篇幅本书不作具体介绍。

## 5.3 控制系统仿真

### 5.3.1 仿真类型

控制系统仿真是通过构建系统的数学模型和计算方法,编写计算机仿真分析程序,以数值计算的方式求解系统主要控制变量的动态变化情况,得到关于系统输出和所需各中间变量状态变化有关的数据、曲线等,从而实现对控制系统性能指标的分析与设计。

为了进行控制系统的仿真研究,需要构建仿真系统。首先要确定系统模型,然后通过仿真计算机和各种仿真设备(如运动模拟器、目标模拟器和环境模拟器等)具体实现这一模型。按照模型特点可将控制系统仿真分为数学仿真、半物理仿真和全物理仿真三类。

1) 数学仿真

数学仿真也称计算机仿真,即在计算机上建立系统物理过程的数学模型,并在这个模型上对系统进行定量研究和实验。这种仿真方法常用于系统的方案设计阶段和某些不适合进行实物仿真的场合。它的特点是仿真系统可以重复使用,可以是实时仿真,也可以是非实时仿真。

在控制系统单领域仿真中,因控制系统与受控系统往往是高度耦合的系统,有些输入输出参数也会涉及其他领域子系统的输出输入,这种情况下,一般会对其他领域子系统模型进行简化。例如,对车辆控制系统仿真时,为了得到刹车控制系统的输入输出参数性能,通常建立一个简化的车辆动力学模型,作为受控系统加入整个仿真系统。这样的简化,在仿真对输出输入参数要求不是十分严格的情况下,其结果也符合设计指标的要求。

2) 半物理仿真

采用部分物理模型和部分数学模型的仿真。其中,物理模型采用控制系统中的实物,系统本身的动态过程则采用数学模型。半物理仿真系统通常由满足实时性要求的仿真计算机、运动模拟器、目标模拟器、控制台和部分实物组成。半物理仿真的逼真度较高,所以常用于验证控制系统方案的正确性和可行性。半物理仿真的逼真度取决于接入的实物部件、仿真计算机的速度、精度和功能,转台和各目标模拟器的性能。

3) 物理仿真

全部采用物理模型的仿真,又称实物模拟。物理仿真技术复杂,一般只在必要时采用。例如,航天器的动态过程用气浮台(单轴或三轴)的运动代替,控制系统采用实物。因为实物是安放在气浮台上的,这种方法适用于研究具有角动量存储装置的航天器姿态控制系统的三轴耦合,以及研究控制系统与其他分系统在力学上的动态关系。在对航天器姿态控制系统进行全物理仿真时,安装在气浮台上的实物应包括姿态敏感器、控制器执行机构、遥测遥控装置和有关的分系统。目标模拟器、环境模拟器和操作控制台均设置于地面。航天器在空间的运动是由气浮台模拟的,全物理仿真的逼真度和精度主要取决于气浮台的性能。

### 5.3.2 系统模型

控制系统仿真时,先要建立描述控制系统的数学模型,这是进行数字仿真的前提。

线性定常连续系统数学模型主要有微分方程形式、传递函数形式、零极点增益形式、部分分式形式和状态方程形式。

在建立控制系统数学模型时,常常遇到非线性问题。严格地讲,实际的物理系统都不同程度地包含非线性因素,但许多非线性系统在一定条件下可被近似地看作线性系统。这种有条件地将非线性数学模型转为线性数学模型进行处理的方法,称为非线性数学模型的线性化。采用线性化的方法,可在一定条件下将线性系统的理论和方法用于非线性系统,从而使问题得到简化。例如,具有连续变化的非线性函数可以采用切线法或小偏差法进行线性化,在一个小范围内,将非线性特性用一段直线代替(分段定常系统)。

连续系统的时域数学模型的基本形式是高阶微分方程,而高阶微分方程可转换为一阶微分方程组,即状态方程。因此,连续系统的时域数学模型的基本形式是状态空间表达式。

例如,MATLAB 的控制系统工具箱,主要处理以传递函数为主要特征的经典控制和以状态空间为主要特征的现代控制理论中的问题。MATLAB 的控制系统工具箱对线性时不变(LTI)系统提供了建模、分析、设计等比较完整的功能,具体如下:

1)系统建模

通过控制系统工具箱提供的函数,可以方便地建立离散系统和连续系统的状态空间、传递函数、零极点增益和频率响应模型,并实现任意两种模型之间的转换。而且可以通过组合连接两种或多种系统,构建复杂的系统模型。

2)系统分析

建立了系统的数学模型后,接下来要对控制系统进行系统分析和系统综合设计。在经典控制理论中,常采用时域法、根轨迹法和频域法分析线性系统的性能。

在 MATLAB 的控制系统工具箱中,支持对 SISO 系统和 MIMO 系统进行性能分析。

(1)时域响应分析:可支持对系统的单位阶跃响应、单位脉冲响应、零输入响应,以及更广泛的对任意信号的仿真分析。

(2)频率响应分析:支持 Bode 图、Nichols 图和 Nyquist 图。

3）系统设计

MATLAB的控制系统工具箱在系统设计方面，支持自动控制系统的设计及校正，系统可观、可控标准型的实现，可以进行系统的极点配置及状态观测器的设计。例如，可以对一个简单闭环控制的调速系统进行 PI 校正设计，并通过仿真分析验算该设计后的时域与频域性能指标是否满足要求。

一个系统的数学模型表达式之间存在内在的联系，如微分方程模型、传递函数模型、零极点模型、状态空间模型等，虽然其外在表达形式不同，但实质内容是等价的。人们对系统进行分析研究时，往往根据不同的要求选择不同形式的数学模型。这些不同表现形式的数学模型之间通常是可以转换的。MATLAB控制系统工具箱中常用的数学模型转换函数如表 5-6 所示。

表 5-6  MATLAB 常用的模型转换函数

| 函数名 | 函数功能描述 | 常用格式 |
| --- | --- | --- |
| ss2tf | 状态空间模型转换为传递函数模型 | $[b,a]=ss2tf(A,B,C,D,iu)$ |
| ss2zp | 状态空间模型转换为零极点模型 | $[z,p,k]=ss2zp(A,B,C,D,iu)$ |
| tf2ss | 传递函数模型转换为状态空间模型 | $[A,B,C,D]=tf2ss(b,a)$ |
| tf2zp | 传递函数模型转换为零极点模型 | $[z,p,k]=tf2zp(b,a)$ |
| tf2zpk | 传递函数模型转换为零极点模型 | $[z,p,k]=tf2zpk(b,a)$ |
| zp2ss | 零极点模型转换为状态空间模型 | $[A,B,C,D]=zp2ss(z,p,k)$ |
| zp2tf | 零极点模型转换为传递函数模型 | $[b,a]=zp2tf(z,p,k)$ |
| chgunits | 转换 FRD 模型的 nunits 属性 | $sys=chgunits(sys,units)$ |
| reshape | 转换 LTI 阵列的形状 | $sys=reshape(sys,s1,s2,\cdots,sk)$<br>$sys=reshape(sys,[s1,s2,\cdots,sk])$ |
| residue | 提供部分分式展开 | $[z,p,k]=residue(b,a)$<br>$[b,a]=residue(z,p,k)$ |

### 5.3.3 案例分析

悬架系统是汽车车辆的重要组成部分，它将车轴（或车轮）与车身（或车架）弹性地连接起来，确保车辆的平顺性、安全性等多种性能。按照不同的工作原理，汽车悬架可分为被动悬架、半主动悬架和主动悬架三种基本类型。目前，工程应用研究中普遍采用的汽车半主动悬架由弹性元件和可调减振器组成，半主动悬架模型包括二自由度1/4车辆模型、四自由度1/2车辆模型、七自由度整车模型等。其中，1/4车辆模型是研究汽车半主动悬架控制规律最常用的基础模型。图 5-9 所示为一个双质量二自由度的力学模型，考虑了汽车的垂直振动，忽略了车身的俯仰和侧倾，该模型反映的汽车信息较少。但其可以方便地用于研究悬架的基本特性，如车身地板振动、轮胎动载荷变化和悬架动行程等。利用 MATLAB 控制系统工具箱，可进行汽车半主动悬架的系统建模和仿真分析。

为了简化计算,这里采用二自由度 1/4 车辆模型,只研究车身垂直振动加速度、悬架动挠度和轮胎动载荷特性,而不研究车身俯仰的侧倾运动。这种分析方法简单而不失研究重点,与复杂的全车模型比较,1/4 车辆模型具有涉及的设计参数少、可简化系统输入、易理解设计与性能之间的关系等优点。

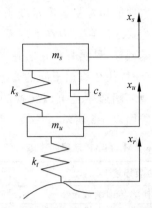

图 5-9　二自由度 1/4 车辆悬架模型

根据图 5-9 所示的二自由度 1/4 车辆悬架模型,可建立如下动力学方程

$$m_s \ddot{x}_s = -k_s(x_s - x_u) - c_s(\dot{x}_s - \dot{x}_u) \tag{5-7}$$

$$m_u \ddot{x}_u = k_s(x_s - x_u) + c_s(\dot{x}_s - \dot{x}_u) - k_t(x_u - x_r) \tag{5-8}$$

其中,$m_s$、$m_u$ 分别为簧载质量和非簧载质量;$k_s$、$k_t$ 分别为悬架弹簧刚度和轮胎刚度;$x_r$、$x_s$、$x_u$ 分别为路面位移、簧载质量位移和非簧载质量位移;$c_s$ 为阻尼器的可变阻尼系数。

对式(5-7)和式(5-8)进行拉氏变换,得

$$(m_s s^2 + c_s s + k_s) X_s(s) - (c_s s + k_s) X_u(s) = 0 \tag{5-9}$$

$$(m_u s^2 + c_s s + k_s + k_t) X_u(s) - (c_s s + k_s) X_s(s) = k_t X_r(s) \tag{5-10}$$

对式(5-9)和式(5-10)解方程组,得

$$\begin{cases} X_s(s) = k_t(c_s s + k_s) \cdot \dfrac{X_r(s)}{\Delta s} \\ X_u(s) = k_t(m_s s^2 + c_s s + k_s) \cdot \dfrac{X_r(s)}{\Delta s} \end{cases} \tag{5-11}$$

其中,$\Delta s = m_u m_s s^4 + (m_s c_s + m_u c_s) s^3 + (m_s k_s + m_s k_t + m_u k_s) s^2 + k_t c_s s + k_s k_t$

那么,簧载质量振动加速度相对于路面输入的传递函数可表示为

$$H_A(s) = \dfrac{\ddot{X}_s(s)}{X_r(s)} = \dfrac{k_t(c_s s + k_s) s^2}{\Delta s} \tag{5-12}$$

悬架动扰度相对于路面输入的传递函数可表示为

$$H_D(s) = \dfrac{X_s(s) - X_u(s)}{X_r(s)} = \dfrac{k_t m_s s^2}{\Delta s} \tag{5-13}$$

轮胎动载荷相对于路面输入的传递函数可表示为

$$H_F(s) = \frac{k_t[X_u(s) - X_r(s)]}{X_r(s)} = \frac{k_t X_u(s)}{X_r(s)} - k_t = \frac{k_t(m_s s^2 + c_s + k_s)}{\Delta s} - k_t$$

(5-14)

建立了上述模型后，就可以利用 MATLAB 控制系统工具箱，对二自由度 1/4 车辆悬架模型的主要性能参数进行仿真分析了。例如，产品开发技术人员对于长安某微型面包车的某个悬架设计方案进行仿真分析，已知该悬架的一组设计参数值为：簧载质量 $m_s = 264.2$kg，非簧载质量 $m_u = 25.8$kg，弹簧刚度 $k_s = 15.0$kN/m，轮胎刚度 $k_t = 116.9$kN/m，减震器阻尼系数 $c_s = 1.1$kN/m，利用上述 1/4 车辆悬架模型，就可以分析该型面包车的悬架响应及悬架参数对悬架传递特性的影响，包括簧载质量振动加速度相对于路面输入的响应、悬架动扰度相对于路面输入的响应、轮胎动载荷相对于路面输入的响应等。

在汽车行业开展车辆动力学的计算机仿真，一方面可在设计阶段预测车辆的动力学性能，为设计参数优化提供依据；另一方面，随着车辆控制系统的增多，需要大量的计算机仿真取代真实道路上的实际试验。特别是车辆的控制系统越来越复杂，只靠道路试验无法解决一些现实问题。

# 第 6 章

# 多领域协同仿真及应用

## 6.1 协同仿真产生的背景

复杂产品具有机、电、液、控等多领域耦合的显著特点,如飞行器、工程车辆、复杂机电产品、大型装备等,其集成化开发需要在设计早期综合考虑多学科协同和模型耦合问题,通过系统层面的仿真分析和优化设计,提高整体综合性能。

在计算机数值仿真领域,单领域仿真技术及其应用已经过多年的实践检验,随着计算机仿真技术的发展,研究对象的复杂程度也在不断增加,而复杂产品通常是机械、控制、液压、电子、软件等不同学科领域子系统的组合。然而要想对这些复杂产品进行完整、准确的仿真分析,传统的单学科仿真技术难以满足复杂产品设计分析的要求。目前,各领域基本上都具备了高度专业化的 CAE 软件分析手段,但涉及多领域产品性能的整体优化仍是难点之一。在这种背景下,人们提出了多学科协同仿真技术,将机械、控制、液压、电子、软件等不同学科领域的子系统作为一个整体,实现各仿真工具之间的模型集成和数据交换,进而实现子系统在不同学科领域的交互运行和联合仿真。

在多学科建模与仿真中,需要不同仿真建模工具的协同。通常具有以下两种协同方式。

方式一:建模工具之间输入输出关系的"上下游"协同,即某个建模工具的仿真结果输出成为另一建模工具的输入,如图 6-1 所示。其典型应用案例如汽车的耐疲劳性仿真,首先建立整车多体动力学模型、路面模型、驾驶模型;然后利用整车多体动力学仿真得出各种路面、各种驾驶条件下,车辆关键零部件的动态负载;再将得到的动态负载输入关键零部件的有限元模型,进行该零部件的应力、应变分布分析;最后将应力、应变分布及材料属性输入疲劳分析软件进行分析,从而预测该关键零部件的疲劳寿命。

方式二:复杂产品的仿真建模往往需要同时使用多个仿真建模工具,每个仿真建模工具负责复杂产品某个子系统的建模,而不同建模工具的子系统模型可构成一个完整的系统仿真模型,即"模型组合"关系,如图 6-2 所示。

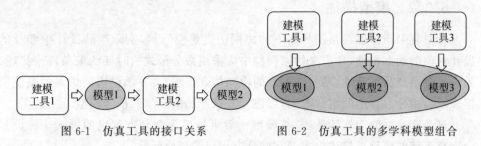

图 6-1　仿真工具的接口关系　　　　图 6-2　仿真工具的多学科模型组合

## 6.2　协同仿真机理

### 6.2.1　耦合模型

对于复杂产品开发而言,由于各个子系统一般都有各自的设计要求和约束条件,设计变量多、关联关系复杂、系统耦合度高,协同仿真时需要根据各个子系统之间的内在关联关系,建立能够反映复杂产品运行机理的多学科耦合模型,并进行协同求解和数值仿真。

复杂产品各子系统模型之间存在复杂的关联关系,为实现对复杂产品的多学科仿真分析,需要综合考虑学科模型之间的约束耦合。图 6-3 为复杂产品各子系统模型之间存在耦合关系的示意图,不失一般性表示,$X_i$ 为某学科模型 $i$ 中的设计向量,$G_i$ 为某学科模型 $i$ 中的输出向量,$Y_{ij}$ 为学科模型 $i$ 影响学科模型 $j$ 的关联耦合变量。在复杂产品的多学科耦合模型中,当某个学科模型中的设计参数发生改变时,其影响将通过模型之间的关联变量进行传播,并引发其他子系统模型指标空间和相关设计参数发生相应的变化。在复杂产品的多学科协同仿真过程中,这些耦合向量需要参与协同仿真的各学科模型之间的协同交互保证。

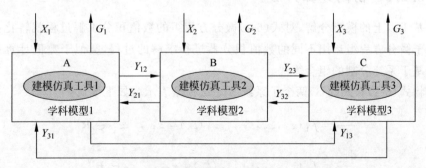

图 6-3　复杂产品多学科模型的耦合关系示意图

## 6.2.2 模型描述

针对复杂产品连续系统状态下的协同仿真建模问题,实际产品设计中涉及的设计对象的动态特性,在广义约束模型中应采用微分形式的时变约束条件来描述。为满足复杂产品运动学、动力学模型的协同仿真要求,将多学科协同仿真的系统模型表示为微分方程组的组合形式,以建立复杂产品的多学科耦合模型。

复杂产品一般为连续系统,其模型一般可描述为微分方程组的形式。假设一个完整系统的模型可描述为大型常微分方程组的初值问题,即

$$\frac{dz(t)}{dt} = f(z(t), t), \quad z(t_0) = z_0, \quad z \in \mathbf{R}^{M+N} \tag{6-1}$$

其中,$t$ 为时间,$z(t)$ 为状态向量。对模型的仿真过程就是对该微分方程组求解的过程。

考虑一个常微分方程组式(6-1)描述的系统,当一个整体系统被分解为多个子系统模型后,相当于一个完整的微分方程组被拆分为多个相互耦合的子微分方程组。为简单起见,将式(6-1)分解为式(6-2)和式(6-3)的两个子系统 S1、S2

$$\begin{cases} \dfrac{dz_1(t)}{dt} = f_1(z_1(t), Y_{21}(t), t), & z_1(t_0) = z_{10}, z_1 \in \mathbf{R}^M \\ Y_{12}(t) = y_1(z_1(t), Y_{21}(t), t), & Y_{12} \in \mathbf{R}^S \end{cases} \tag{6-2}$$

$$\begin{cases} \dfrac{dz_2(t)}{dt} = f_2(z_2(t), Y_{12}(t), t), & z_2(t_0) = z_{20}, z_2 \in \mathbf{R}^N \\ Y_{21}(t) = y_2(z_2(t), Y_{12}(t), t), & Y_{21} \in \mathbf{R}^T \end{cases} \tag{6-3}$$

其中,$z_1(t)$,$z_2(t)$ 分别是子模型 1、2 的状态向量,$Y_{12}(t)$,$Y_{21}(t)$ 分别是子模型 1、2 的输出向量,同时也是子模型 2、1 的输入向量。

## 6.2.3 协同计算方法

基于以上的模型分解,对式(6-1)微分方程组的数值积分求解过程就转化为对多个子微分方程组运用不同的数值积分器进行求解的过程,类似于数值计算中采用的基于系统分割的组合算法。

将式(6-2)和式(6-3)两个子系统 S1、S2 模型表示为如下形式

$$\frac{dz_1}{dt} = f_1(z_1, \tilde{z}_2, t), \quad z_1(t_0) = z_{10}, \quad z_1 \in \mathbf{R}^M \tag{6-4}$$

$$\frac{dz_2}{dt} = f_2(z_2, \tilde{z}_1, t), \quad z_2(t_0) = z_{20}, \quad z_2 \in \mathbf{R}^N \tag{6-5}$$

假设式(6-4)子系统 S1 为快变系统,其积分方法为 $F$,积分步长为 $h$;式(6-5)子系统 S2 为慢变系统,其积分方法为 $S$,积分步长为 $H$,$H = rh$,$r > 0$。在计算一

个子系统的右端函数时耦合变量用另一个子系统输出结果的插值代替,分别表示为 $\tilde{z}_1$、$\tilde{z}_2$,其中,子系统 S1 采用插值公式 I,子系统 S2 采用插值公式 J,插值公式可以是拉格朗日(Lagrange)多项式或埃尔米特(Hermite)多项式。假设 $t_{m,F}$ 是方法 $F$ 的结点,$t_{n,S}$ 是方法 $S$ 的结点,则 $t_{n,S}$ 与 $t_{n+1,S}$ 之间有方法 $F$ 的 $r-1$ 个结点,如图 6-4 所示。

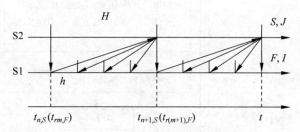

图 6-4 多速率系统积分过程

假设 $t_{n,S}$ 时刻方法 $S$ 和方法 $F$ 的数值解分别为 $z_{2n,S}$,$f_{2n,S}$,$z_{1rm,F}$,$f_{1rm,F}$,其中,$t_{n,S}=t_{n-1,S}+H=t_{r(m-1),F}+rh=t_{rm,F}$。一个通用的组合算法如图 6-5 所示。

该算法实际上是一种并行算法,因所有第 $i+1$ 个循环内的数值解均得自第 $i$ 个循环及以前解的插值。因此,步骤 1~步骤 5 和步骤 6~步骤 7 可以同时执行。

对于 Lagrange 插值多项式,设函数 $f(t)$ 在区间 $[a,b]$ 上 $n+1$ 个互异节点 $t_0$,$t_1$,…,$t_n$ 上的函数值分别为 $y_0$,$y_1$,…,$y_n$,$n$ 次 Lagrange 插值多项式 $L_n(t)$ 表示为

$$L_n(t)=y_0l_0(t)+y_1l_1(t)+\cdots+y_nl_n(t)=\sum_{i=0}^{n}y_il_i(t) \qquad (6-6)$$

其中,$l_i(t)=\dfrac{(t-t_0)(t-t_1)\cdots(t-t_{i-1})(t-t_{i+1})\cdots(t-t_n)}{(t_i-t_0)(t_i-t_1)\cdots(t_i-t_{i-1})(t_i-t_{i+1})\cdots(t_i-t_n)}$,而 $l_0(t)$,$l_1(t)$,…,$l_n(t)$ 称为以 $t_0$,$t_1$,…,$t_n$ 为节点的 $n$ 次插值基函数。

则式(6-6)表示的 $L_n(t)$ 是一个次数不超过 $n$ 的多项式,且满足 $L_n(t_i)=y_i$,$i=0,1,\cdots,n$。

有学者已经证明,该组合算法能收敛到系统分解前微分方程组的真实解,并研究了其收敛阶,有如下定理:

**定理 6-1**:如果积分方法 $F$、$S$ 和插值公式 $I$、$J$ 的阶分别为 $p1$、$p2$、$p3$、$p4$,则算法的收敛阶为 $p$,$p$ 是其中的最小值。

该定理表明,插值公式阶数的选取由积分方法的阶数确定,若插值公式的阶数取得太大,则容易导致积分不稳定;若取得太小,则会使算法的收敛阶减小。

然而,对于复杂产品的多学科协同仿真而言,首先,其系统分解方式实际上并非基于快慢子系统划分,它们通常被事先分解为动力学、控制、液压等多个子系统,采用的积分计算方法也是多种多样的;其次,除了基于常微分方程(ODE)的模型,

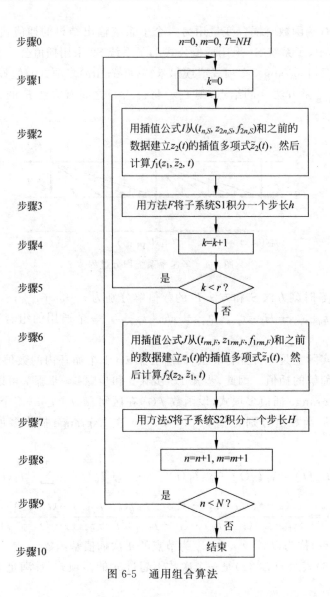

图 6-5 通用组合算法

实际产品模型也可以基于微分代数方程(DAE),其积分计算过程更为复杂;最后,复杂产品协同仿真的实际情况更为复杂,某个子系统的输入向量往往来自另一子系统状态变量、输入向量和时间的函数。因此,需要对该组合算法进行扩展,以支持复杂产品多学科协同仿真的实际应用。

### 6.2.4 协同仿真推进算法

复杂产品的多学科协同仿真过程中,其仿真步长的联合推进往往由学科软件的外部步长控制,学科软件在提供外部接口时,只允许用户从一个时间段推进到另一个时间段,而其内部的积分过程一般是不可控的。因此,子系统间的数据交换应在联合仿真步上进行,联合仿真步长一般包含多个积分步,这样就可以研究得到基于联合仿真步的组合算法。

**1. 基于协调器的协同仿真求解框架**

对于某个完整系统的协同仿真模型,可分解为两个耦合的子模型式(6-2)和式(6-3),该复杂产品多学科协同仿真模型的求解过程如图 6-6 所示。

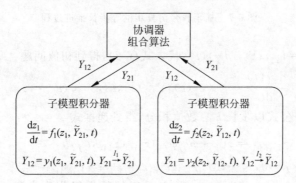

图 6-6 基于协调器的协同仿真模型求解

每个子模型通过一组微分方程描述,并由各自的积分器求解。每个子模型包含两组耦合向量,即输入向量和输出向量,表示子模型之间的交互信息。协调器采用基于组合算法的思想,协调每个子模型积分器的求解过程。当推进一个积分步时,每个子模型积分器向协调器发送输出向量,同时接收输入向量。为使积分步之间能够衔接,每个子模型的输入向量都采用插值算法获得,即图 6-6 中的 $\tilde{Y}_{21}$、$\tilde{Y}_{12}$,其中 $I_1$、$I_2$ 为插值公式。

**2. 基于联合步长的协同仿真算法**

为简化起见,只考虑联合仿真步是等步长的情况,分析模型分解后式(6-2)和式(6-3)表示的耦合子模型求解算法。

如图 6-7 所示,用点 $t_i = t_0 + iH(i=0,1,\cdots,N)$ 将 $[t_0, t_N]$ 离散化为 $N$ 等份,$H$ 为联合仿真步长。用点 $t_{i,j+1} = t_{ij} + h_{1j}(j=0,1,\cdots,M_{1i}-1)$ 将区间 $[t_i, t_{i+1}]$ 离散化为 $M_{1i}$ 份,$t_{i0} = t_i$,$t_{i,M1i} = t_{i+1}$,$h_{1j}$ 为子系统 1 在区间 $[t_i, t_{i+1}]$ 上的内部可变积分步长,$H = h_{10} + h_{11} + \cdots + h_{1,M1i-1}$。类似地,用点 $t_{i,j+1} = t_{ij} + h_{2j}(j=0,1,\cdots,M_{2i}-1)$ 将区间 $[t_i, t_{i+1}]$ 离散化为 $M_{2i}$ 份,$t_{i0} = t_i$,$t_{i,M2i} = t_{i+1}$,$h_{2j}$ 为子系统 2 在区间 $[t_i, t_{i+1}]$ 上的内部可变积分步长,$H = h_{20} + h_{21} + \cdots + h_{2,M2i-1}$。

设已通过前 $i$ 步的求解得到 $Y_{12}$、$Y_{21}$ 的计算值序列 $Y_{12k}$、$Y_{21k}$,$k=0,1,\cdots,i$。记 $T_i = (t_0, t_1, \cdots, t_i)^T$,$Y_{1i} = (Y_{120}^T, Y_{121}^T, \cdots, Y_{12i}^T)^T$,$Y_{2i} = (Y_{210}^T, Y_{211}^T, \cdots, Y_{21i}^T)^T$,构造分别由 $(Y_{1i}, T_i)$ 和 $(Y_{2i}, T_i)$ 确定的 Lagrange 插值函数 $I_{Y1i}(Y_{1i}, T_i)(t)$ 和 $I_{Y2i}(Y_{2i}, T_i)(t)$。

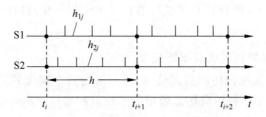

图 6-7 基于联合仿真步的等步长推进过程

令 $\widetilde{Y}_{21i}(t) = I_{Y2i}(Y_{2i}, T_i)(t)$,代入式(6-2),得到初值问题

$$\frac{\mathrm{d}z_1(t)}{\mathrm{d}t} = f_1(z_1(t), \widetilde{Y}_{21i}(t), t), \quad z_1(t_i) = z_{1i} \tag{6-7}$$

用单步积分公式以步长 $h_{1j}$ 数值积分,得到递推式

$$z_{1i,j+1} = z_{1ij} + h_{1j}\psi_{f1}(z_{1ij}, \widetilde{Y}_{21i}, t_{ij}, h_{1j})$$
$$j = 0, 1, \cdots, M_{1i} - 1; \ z_{1i0} = z_{1i}; \ z_{1i,M1i} = z_{1i+1} \tag{6-8}$$

其中,增量函数 $\psi_{f1}(z_1, Y_{21}, t, h)$ 是由采用的单步积分公式和 $f_1$ 确定的,仅是 $z_{1ij}$、$\widetilde{Y}_{21i}$、$t_{ij}$、$h_{1j}$ 的函数。

求出 $z_{1i+1}$ 后,按照输出公式 $Y_{12}(t) = y_1(z_1(t), Y_{21}(t), t)$,将 $z_{1i+1}$、$\widetilde{Y}_{21i}(t_{i+1})$ 和 $t_{i+1}$ 代入,求出 $Y_{12}(t_{i+1})$,即 $Y_{12i+1}$。

令 $\widetilde{Y}_{12i+1}(t) = I_{Y1i+1}(Y_{1i+1}, T_{i+1})(t)$,代入式(6-3),得到初值问题

$$\frac{\mathrm{d}z_2(t)}{\mathrm{d}t} = f_2(z_2(t), \widetilde{Y}_{12i+1}(t), t), \quad z_2(t_i) = z_{2i} \tag{6-9}$$

用单步积分公式以步长 $h_{2j}$ 数值积分,得到递推式

$$z_{2i,j+1} = z_{2ij} + h_{2j}\psi_{f2}(z_{2ij}, \widetilde{Y}_{12i+1}, t_{ij}, h_{2j})$$
$$j = 0, 1, \cdots, M_{2i} - 1; \ z_{2i0} = z_{2i}; \ z_{2i,M2i} = z_{2i+1} \tag{6-10}$$

其中,增量函数 $\psi_{f2}(z_2, Y_{12}, t, h)$ 是由采用的单步积分公式和 $f_2$ 确定的,仅是 $z_{2ij}$、$\widetilde{Y}_{12i+1}$、$t_{ij}$、$h_{2j}$ 的函数。

求出 $z_{2i+1}$ 后,按照输出公式 $Y_{21}(t) = y_2(z_2(t), Y_{12}(t), t)$,将 $z_{2i+1}$、$Y_{12i+1}$ 和 $t_{i+1}$ 代入,求出 $Y_{21}(t_{i+1})$,即 $Y_{21i+1}$。

以上描述了一个从 $t_i$ 推进到 $t_{i+1}$ 的完整过程。将式(6-8)、式(6-10)中的 $i$ 用 $i+1$ 代替,不断重复这个过程,直到 $t_i = t_N$ 为止,计算过程如图 6-8 所示。

我们称这样的算法模型为基于联合仿真接口的等步长组合算法。在每个联合仿真步上计算的误差将比每个积分步上的更大,因此要使该组合算法获得稳定,联合仿真步长必须取得小一些。

在上述算法模型中,一个完整步的计算次序为:先构造 $\widetilde{Y}_{21i}(t)$(特别地,当插值阶为 0 时,$\widetilde{Y}_{21i}(t) = Y_{21i}$),进行若干次外插和数值积分,由式(6-7)得到 $z_{1i+1}$,

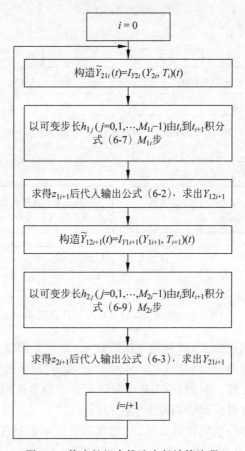

图 6-8 等步长组合算法串行计算流程

代入输出公式(6-2)求出 $Y_{12i+1}$；再构造 $\widetilde{Y}_{12i+1}(t)$（特别地，当插值阶为 0 时，$\widetilde{Y}_{12i+1}(t)=Y_{12i+1}$），进行若干次内插和数值积分式(6-9)得到 $z_{2i+1}$，代入输出公式(6-3)，求出 $Y_{21i+1}$。这种计算过程是串行的，但通过适当的改变很容易将计算改为并行的。一种改变是将式(6-9)、式(6-10)中的 $\widetilde{Y}_{12i+1}(t)$ 改用 $\widetilde{Y}_{12i}(t)$ 进行外插(特别地，当插值阶为 0 时，$\widetilde{Y}_{12i}(t)=Y_{12i}$)，于是式(6-7)和式(6-9)在每个区间 $[t_i,t_{i+1}]$ 上的积分过程可以并行，见图 6-9。

该求解算法中涉及的插值方法和数值积分方法，可根据实际需要灵活选取。

**3. 基于收敛积分步的协同仿真算法**

如何提高仿真精度是协同仿真需要考虑的问题之一。影响协同仿真精度的因素有多种，本节仅从子系统交互粒度的角度探讨这种提高的可能性，提出一种新的积分步算法，是对步长联合步算法的一种改进。

实际的仿真积分求解器往往采用变步长求解。比如 ADAMS 的 BDF 算法，它

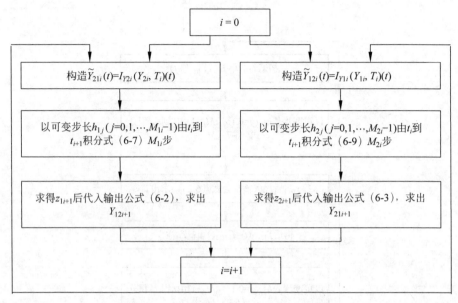

图 6-9　等步长组合算法并行计算流程

首先尝试一个较大的积分步,如果积分误差较大,则重新尝试一个更小的积分步,如此循环直到积分误差符合要求,之后停止尝试,此时积分步收敛,不再回退到一个更小的时间进行计算。因此,建立基于收敛积分步的多速率算法,将子系统之间的交互时刻控制在各自内部的积分步上进行。

基于收敛积分步的协同仿真方法,其交互信息的协调过程如图 6-10 所示。首先,假设子系统 S1、S2 都从推进到某个 $t_0$ 时刻开始,这时 S1 用 S2 在 $t_0$ 时刻的输出数据,经过插值后作为输入推进到 $t_{11}$ 时刻,S2 用 S1 在 $t_0$ 时刻的输出数据,经过插值后作为输入推进到 $t_{21}$ 时刻。图中,此时 S2 作为当前推进最慢的子系统,用 S1 在 $t_{11}$ 时刻的输出数据,经过插值后作为输入推进到 $t_{22}$ 时刻;接下来 S1 作为当前推进最慢的子系统,用 S2 在 $t_{22}$ 时刻的输出数据,经过插值后作为输入推进到 $t_{12}$ 时刻……依此类推。实际应用中,各子系统积分步对应的时刻需要从各自的 CAE 软件内部获取,如 ADAMS 提供了 TIMGET 函数,可以获得每个收敛积分步的时间值,MATLAB 则提供 ssGetTimeOfLastOutput 函数用于获得该值。

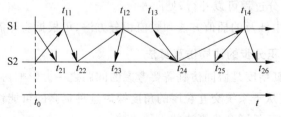

图 6-10　广义的多速率系统积分过程

该算法利用每个子系统自身的求解器提供的变步长功能进行交互计算,使全局推进呈现变步长仿真,具有灵活、精度高的特点。在该算法中推进顺序是不确定的,每次只推进收敛积分步时刻最小的引擎,不会引起死锁。基于内部接口的封装方法可支持该算法的实现。

## 6.3 基于接口的多领域 CAE 协同仿真

目前,各专业领域都具有成熟的商用 CAE 分析工具,但涉及多领域的复杂产品性能整体优化仍是难点之一。事实上,在产品开发过程中,无论是系统级的方案设计,还是子系统及部件级的参数优化,都可能涉及多个不同子系统领域和相关学科模型,而各子系统之间则具有交互耦合作用。从 20 世纪 90 年代中期开始,人们开始关注多学科设计优化技术,利用多领域 CAE 软件实现联合仿真,将不同子系统领域的仿真模型组合为仿真模型,实现各 CAE 仿真工具之间的集成接口和信息交互,进而实现子系统在不同学科领域的联合仿真和集成优化,为这类问题的解决提供了一种实用的技术方法。

**1. 基于接口的协同仿真方法**

现有成熟的商用 CAE 软件工具只着重于解决传统的单学科建模与分析计算问题,而多学科协同仿真需要将多个不同的子系统模型组合为一个系统层面的仿真模型,作为一个整体进行仿真分析。在复杂产品开发中,往往需要采用不同的仿真软件进行建模,模型之间存在密切的交互关系,一个模型的输出可能成为另一个模型的输入,如图 6-11 所示。在仿真运行的过程中,这些用不同仿真软件建模得到的不同模型在仿真离散时间步,通过进程间通信等方式进行数据交换,然后利用各自的求解器进行求解计算,以完成整个系统的协同仿真。基于接口的多领域建模方法,首先采用某领域商用仿真软件进行该学科领域的建模,其次利用各领域商用仿真软件之间的接口实现多领域建模,最后通过协同仿真运行获取联合仿真结果。

利用这种基于商用 CAE 软件接口的方法,分别完成各领域仿真模型的构建,然后基于不同领域商用仿真软件之间的接口,实现多领域建模。当多领域建模完成之后,不同学科领域的模型需要相互协调。这些不同子系统的仿真模型在仿真离散时间点,通过进程间通信等方式进行相互的信息交换,然后利用各自的求解器(或称积分器)进行求解计算。

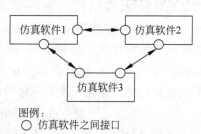

图例:
○ 仿真软件之间接口

图 6-11 基于接口的多领域建模

**2. 常用的多领域 CAE 软件接口实现联合仿真与集成优化的方法**

下面是一些常用的利用多领域 CAE 软件接口实现复杂产品多学科联合仿真

的方法。

1) ADAMS 与 MATLAB 联合仿真

机电一体化的复杂产品大多包含一个或多个控制系统,机械系统系统设计中又可能涉及液压、电子、气动等,控制系统的性能常会对机械系统的运动学/动力学响应性能产生至关重要的影响,基于多领域的系统建模与联合仿真技术可以较好地解决这一问题。机械系统与控制系统的联合仿真可应用于多种工程领域,例如,汽车自动防抱死系统 ABS、主动悬架控制、飞机起落架、卫星姿态控制等。联合仿真计算可以是线性的,也可以是非线性的。

ADAMS 与 MATLAB 是机械系统和控制系统仿真领域应用广泛的分析软件。ADAMS 具有强大的机械系统运动学和动力学分析功能,提供了友好的建模和仿真环境,可对各种机械系统进行建模、仿真和分析。MATLAB 是一种应用广泛的计算分析软件,具有强大的计算功能、高效的编程效率及模块化的建模方式。因而,将 ADAMS 和 MATLAB 进行联合仿真,可充分利用两个软件的优势,实现机电一体化条件下机械系统与控制系统的联合仿真分析。

ADAMS 软件提供了两种对机电一体化系统进行仿真分析的方法:①利用 ADAMS/View 的控制工具箱,这种情况适用于简单的控制系统建模;②利用 ADAMS/Controls 模块,并与 MATLAB 联合计算,适用于复杂的控制系统建模。

ADAMS 与 MATLAB 之间具有专门的集成接口。ADAMS/Controls 模块可将机械系统的运动模型与控制系统的控制模型进行集成,实现联合仿真。机械系统模型以机械结构为主体,不仅包括各部件的质量特性,还包括摩擦、重力、碰撞等因素。用户可以方便地将 MSC.ADAMS 中的机械系统模型置入控制系统软件定义的框图中,建立模型之间的关联。接下来可以使用 ADAMS 求解器,也可以使用控制软件中的求解器,进行模型的数值计算。

具体而言,在 ADAMS 中建立联合仿真系统的机械模型并添加外部载荷及约束,确定 ADAMS 中模型的输入和输出变量,然后利用 MATLAB/Simulink 建立控制系统模型,ADAMS/Controls 模块连接两个模型的对应参数,使 MATLAB/Simulink 的控制输出驱动机械模型,并将 ADAMS 环境中机械模型的位移、速度、加速度等输出反馈给控制模型,从而实现 ADAMS 与 MATLAB 之间的交互式仿真,仿真结果可在 ADAMS/View 或 ADAMS/Solver 中进行展示。这种联合仿真可以优化机电一体化系统的整体性能。

2) AMESim 与 MATLAB/Simulink 联合仿真

利用 AMESim 软件与 MATLAB/Simulink 软件进行联合仿真,一般考虑在 Simulink 软件中建立控制系统模型,而在 AMESim 软件中建立机械液压系统模型,再利用 AMESim 与 Simulink 之间的接口定义模型的输入输出关系。

AMESim 与 Simulink 软件进行联合仿真时,既可以将 AMESim 模型导入 MATLAB/Simulink,也可以将 MATLAB/Simulink 模型导入 AMESim。若将

AMESim 模型导入 MATLAB/Simulink 进行仿真计算,则通过将 AMESim 子模型编译为 Simulink 模型支持的 S 函数,再将编译的 S 函数导入,即可通过 Simulink 支持的方式进行任意调用。

3) ADAMS 与 AMESim 联合仿真

ADAMS 与 AMESim 软件之间的接口可用于连接前者建立的动力学模型与后者的仿真模型,通过将这两种模型耦合进行联合仿真,以获取更高的仿真精度。这两种软件的联合仿真在研究液压或气动力学系统与机械动力学系统的交互作用时尤为实用。例如,车辆悬架、飞机起落架、传动链等液压系统与其动力学系统之间的联合仿真。

ADAMS 与 AMESim 联合仿真既可选择 AMESim 作为仿真主界面,也可采用 ADAMS 作为仿真主界面。通常使用 ADAMS 与 AMESim 之间的接口时,需要同时运行 ADAMS 软件和 AMESim 软件,以便使用它们提供的工具包。通常 AMESim 可以求解微分方程(ODE)和微分代数方程(DAE),后者含有隐含变量,而 ADAMS 只支持求解 ODE 方程,因而将 AMESim 模型导入 ADAMS 之前需要消除代数环,消除 AMESim 模型中的隐含变量。

4) 基于 ADAMS 与 ANSYS 的刚柔耦合动力学仿真

刚柔耦合是指刚体运动模态与柔性体振动模态之间的惯性耦合。它是多体动力学与结构动力学协同仿真中的典型问题,而柔性体接口技术(约束处理与模态截取)是刚柔耦合系统的首要问题和技术难点。为了达到多领域协同仿真工程应用的要求,大型刚柔耦合动态仿真必须应用结构动力学相关理论,解决三个方面的柔性体接口处理技术:①约束与模态;②模态力与预载;③惯性耦合与模态截取。

利用有限元分析软件 ANSYS 和机械系统动力学分析软件 ADAMS 相结合的方法,可以实现刚柔耦合的动力学仿真分析。ANSYS 是一种通用的有限元分析软件,早期应用于结构静力学分析领域,其有限元建模功能十分强大,还用于结构动力学分析,但对于机械系统的瞬态动力学分析比较困难。与之相反,ADAMS 软件针对的主要领域是机械系统的运动学/动力学仿真,但它并不具备有限元建模功能,一般必须通过 ADAMS/Flex 接口从 ANSYS 之类的有限元分析软件中获取有限元模型数据,再集成到机械系统的动力学模型。这样可以利用 ANSYS 和 ADAMS 各自的功能特点,实现机械系统的弹性动力学仿真分析。

ADAMS/Flex 是 ADAMS 软件包中的一个集成可选模块,它提供 ADAMS 与有限元分析软件 ANSYS、NASTRAN、ABAQUS、I-DEAS 之间的双向数据交换接口。ADAMS/Flex 采用模态柔性表示物理弹性,采用模态向量和模态坐标的线性组合表示弹性位移,通过计算每一时刻物体的弹性位移描述其变形运动。

在 ADAMS/Flex 模块中进行柔性体动力学分析,需要将柔性体的有限元模型在 ANSYS 中进行特定的有限元分析,再将结果转换为模态中性文件(MNF),才能导入 ADAMS 进行仿真。该方法分为两个具体步骤:①采用 ANSYS 等有限元分析软件生成柔性构件的各阶模态,以获得包含各阶模态信息的模态中性文件;②在机械系统动力学分析软件 ADAMS 中,利用模态信息并结合刚性运动进行仿真分析与后处理。

5) iSIGHT 与 MATLAB 的集成优化

iSIGHT 是集设计自动化、集成化和优化功能的工业智能软件,具有计算模型集成、设计流程自动化、参数优化、试验设计、近似建模、可靠性及稳健性分析等主要功能,它可以集成不同软件的仿真代码并提供设计智能支持,从而对多个设计可选方案进行评估和优化设计。

iSIGHT 软件具有如下特点:①提供比较完善的优化工具集,用户可以针对特定问题方便地选择或直接调用优化工具;②iSIGHT 提供了一种多学科优化操作,可以将相关的优化算法组合起来,解决复杂的优化设计问题,进行集成优化;③iSIGHT 的集成能力比较强大,能够集成结构、控制、流体、冲击、碰撞、声光磁等专业领域的 CAE 仿真分析软件,也可以连接自行开发的 Fortran、C++等程序。

利用 iSIGHT 软件集成 MATLAB 工具,可以从 iSIGHT 输出设计变量至MATLAB,在 MATLAB 工具中计算目标函数和约束条件后,再将输出返回至iSIGHT 软件,从而实现多学科集成优化设计。

6) iSIGHT 与 RecurDyn 的集成优化

RecurDyn(Recursive Dynamic)是多体系统动力学仿真软件,适用于求解大规模的多体系统动力学问题及复杂接触的多体系统动力学问题。而 iSIGHT 软件主要解决优化算法的设置和调用问题。如果遇到机构参数的优化问题,尤其是需要分析设计参数对动力学性能的影响时,采用 iSIGHT 与多体动力学软件(如RecurDyn)进行集成优化是非常有效的。

iSIGHT 与 RecurDyn 等多体动力学软件的集成优化流程,一般是先在RecurDyn 等多体动力学软件中完成建模及模型的修正,再对模型进行参数化,最后在 iSIGHT 软件中完成优化问题的定义和求解。

以上介绍了常用的多领域 CAE 软件联合仿真和集成优化方法,限于篇幅本书不再具体展开介绍,有兴趣的读者可查阅相关专业书籍。

**3. 汽车姿态控制系统开发中的多学科协同仿真实例**

在下面介绍的 VAC 控制系统开发实例中,利用机械多体动力学仿真软件ADAMS 构造整车多体动力学模型,再利用控制系统仿真软件 MATRIXx/Xmath建立控制系统模型、前作动器模型、后作动器模型,之后利用 ADAMS 和MATRIXx/Xmath 之间的专用接口,实现多体动力学、控制和液压各子系统模型之间的交互与协同仿真。

汽车姿态控制系统(vehicle attitude control,VAC)是汽车的一个重要子系统。当驾驶人员在急转弯或采用其他驾驶方式的情况下,要求 VAC 控制系统控制前、后液压作动器,输出相应作动力,以保持车身相对于地面的水平,从而保证汽车的可操作性、安全性和乘坐舒适性。在传统汽车开发过程中,通常机械设计人员先采用多体动力学仿真,验证、评估在各种路面和驾驶条件下汽车的可操作性、乘坐舒适性和安全性,而控制工程师独立编写复杂的控制算法,以控制汽车的姿态、刹车和发动机等。他们之间的工作通常相互独立,机械设计人员很少顾及控制系统对汽车性能的影响,而控制设计人员则采用简化的汽车动力学模型(如将整车简化为单个刚体等)进行控制系统设计。这导致开发的控制系统不能较好地满足要求,可能需要多次修改设计才能成功。

如图 6-12 所示,将整车多体动力学模型和汽车姿态控制模型进行集成,实现机械、控制(包含液压)多学科协同仿真。其中,整车动力学建模采用多体动力学仿真软件 ADAMS,而控制系统和前、后液压作动器则采用 MATRIXx/Xmath 软件建立模型。利用 MATRIXx/Xmath 与 ADAMS 仿真软件之间的接口,实现机械、控制(包含液压)的多学科模型集成,并基于软件接口的方式实现在单台计算机上的集中式协同仿真。

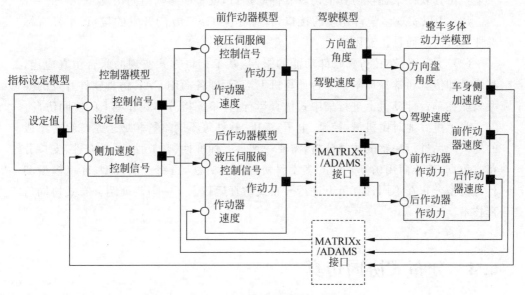

图 6-12　VAC 系统开发模型构成示意图

该 VAC 控制系统开发的仿真应用实例采用了不同的商用 CAE 仿真软件进行建模,控制系统仿真软件 MATRIXx/Xmath 建模得到的控制系统模型、前作动器模型、后作动器模型的输出,包括前作动器输出的作动力和后作动器输出的作动力,被输入用机械多体动力学仿真软件 ADAMS 建模得到的整车多体动力学模型,而整车多体动力学模型的输出(如车身侧加速度、前作动器速度、后作动器速度)则分别被反馈回控制系统模型、前作动器模型、后作动器模型中。整车多体动力学模型利用 MATRIXx/ADAMS 接口,将车身侧加速度反馈回控制器模型,然后控制器通过控制算法计算输入到前、后液压作动器的控制信号,控制前、后作动器输出相应的作动力,再作用至整车多体动力学模型。整车多体动力学模型还利用 MATRIXx/ADAMS 接口,将前作动器速度和后作动器速度分别反馈回前作动器模型和后作动器模型,以用于前、后作动器作动力的计算。在仿真运行过程中,这些采用不同商用 CAE 仿真软件建模得到的各子系统模型在仿真离散时间步,通过 CAE 软件工具之间的专用接口进行数据交换,然后利用各自的求解器进行求解计算,以完成整个系统的协同仿真。

**4. 基于接口的 CAE 联合仿真方法的局限性**

较多的商用 CAE 仿真软件支持基于接口的多学科建模方法,利用各仿真软件之间的接口,可实现机械、控制、液压等多学科领域的建模和协同仿真运行。但该方法还存在一些技术方面的不足,使其在应用领域存在诸多局限性,主要体现在以下方面。

(1) 商用 CAE 仿真软件必须提供相互之间的接口,才能实现多领域建模。如果某个仿真软件未提供与其他仿真软件的接口,就不能参与协同仿真。

(2) 用以实现多学科建模的接口,往往是某 CAE 专门开发的接口,不具有标准性、开放性,而且扩充困难。

(3) 受商用 CAE 仿真软件功能的限制,基于接口方式实现的联合仿真应用,其建模和仿真通常只局限于单台计算机上运行,即各商用 CAE 仿真软件开发的模型只能在单台计算机上进行集中式仿真运行,并不支持分布式环境下的协同仿真。

为了更好地对由机械、控制、电子、液压、软件等不同学科领域子系统综合组成的复杂产品进行完整的仿真分析,需要一种具有标准性、开放性、可扩充性,支持分布式仿真,基于商用仿真软件的多学科协同仿真方法,可将产品模型、环境模型和行为模型分布在不同计算机上进行分布式仿真运行。下一节将介绍分布式协同仿真技术。

## 6.4 分布式协同仿真

高层体系结构(high level architecture,HLA)是分布交互仿真的总线标准,它定义了一个通用的仿真技术框架,能够适用于各种模型和各类应用。在该框架下,可以接受现有的各类仿真成员的共同加入,并实现彼此的互操作。它不但可用于军事领域的分布式仿真,而且可用于工程领域的仿真应用,实现复杂产品的分布式协同仿真。

**1. 基于 IEEE HLA/RTI 的分布式协同仿真技术框架**

为实现复杂产品的分布式协同建模与仿真,必须具备一套相应的支撑软件工具,使分布于不同地方的仿真建模人员,能够透明地访问仿真相关的信息、重用已有的仿真模型并参与分布式协同建模。基于 HLA 的复杂产品多领域建模,要求将不同领域商用仿真软件开发的子系统模型都封装为联邦成员,而 HLA 联邦成员的设计和实现是一件非常繁琐的工作,建模人员必须熟悉 HLA/RTI 的各种服务。

这里,在 HLA/RTI 提供的将商用仿真软件开发模型封装为联邦成员所需基本服务的基础上,提出面向多领域建模服务的 HLA 应用层程序框架,可支持各领域仿真模型的 HLA 联邦成员封装服务。如图 6-13 所示,HLA 应用层程序框架是针对复杂产品多领域建模和协同仿真的一个公共程序框架,它是在各领域仿真软件与 HLA/RTI 的基本服务之间增加的一个公共层。该程序框架同时考虑了仿真运行管理的一些基本功能,如联邦成员的同步推进等。通过该程序框架,可将各领域商用仿真软件开发的仿真模型封装为仿真联邦成员。

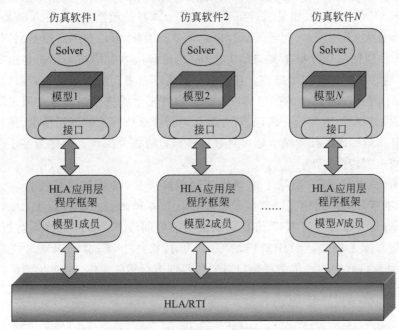

图 6-13　HLA 应用层程序框架示意图

在实现各领域商用仿真软件开发模型封装为所对应的联邦成员时,采用如下原则。

(1) 每个模型对应的联邦成员都采用"保守同步"时间管理机制和时间步长请求时间推进方式。这样,在保证联邦成员不会接收过时事件的前提下,RTI 才能接受联邦成员的时间推进请求,从而保证各领域商用仿真软件开发的仿真模型在每次仿真步长推进之前,其所有的输入变量都能接收到其他模型的最新输出值。

(2) 为了采用"保守同步"时间管理机制,每个联邦成员必须既属于时间受限型(time-constrained),又属于时间调节型(time-regulating),使每个成员既不能脱离其他成员的约束而独自推进,其他成员也不能离开该成员独自推进,从而保证各领域商用仿真软件开发模型在协同仿真过程中的协调运行。

（3）用于实现各领域商用仿真软件开发模型动态信息交互的属性值更新和反射全部采用带时间戳（timestamp）的服务，以保证事件的正确顺序，确保所有的输入变量在仿真推进之前都已接收到最新值。

### 2. 基于模型代理的领域模型封装与转换方法

在基于 HLA/RTI 的分布式仿真环境下，如何将不同领域的商用 CAE 仿真软件开发的模型，以 HLA 接口规范的形式实现领域模型接口的转换和封装，使仿真系统能够兼容各类异构的 CAE 领域模型，是多学科协同仿真系统实现过程中需要解决的关键问题之一。

对于协同仿真应用而言，通常领域模型的种类众多，且大多数模型依赖于对应的商用 CAE 仿真软件，如果通过每个领域模型本身的改造实现 HLA 转换，那么不仅工作量大、实施困难，而且灵活性也非常差。因此，可以利用商用 CAE 仿真软件与 HLA 应用层程序框架接口的方法解决，该解决方案的核心思想是定义接口标准，封装学科模型的技术细节。在复杂产品多学科协同仿真系统中，接口标准包括 HLA 标准和其他扩展的接口标准；封装领域模型的技术细节是指通过某种技术屏蔽领域模型的内部运行机理，对外显示为符合接口标准的黑箱模型，使用者不需要了解接口后面的技术细节即可对领域模型进行相关操作。被称为基于模型代理的领域模型转换方法。

如图 6-14 所示，采用基于模型代理的转换方法，可将领域模型封装为符合 HLA 标准接口的协同仿真联邦成员。模型代理本质上是一个符合 HLA 规范的应用程序，是领域模型与 RTI 仿真总线之间的中间环节。协同仿真运行过程中，领域模型实际上仍然运行于对应的 CAE 仿真软件中，模型代理通过这些商用 CAE 仿真软件提供的外部编程接口对学科模型进行相关操作，并负责与 RTI 之间的通信。

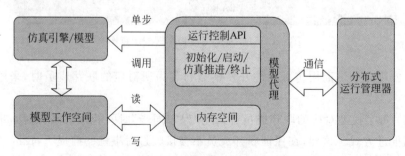

图 6-14　基于 CAE 外部编程接口的领域模型封装方法

图 6-14 中，基于商用 CAE 外部编程接口的封装方法从外部接口对领域模型进行封装，即通过 CAE 软件接口提供的变量输入、仿真推进、结果输出等函数从外部对仿真引擎进行控制，这是一种典型的领域模型封装形式。

由于模型代理需要通过商用CAE软件提供的外部编程接口对领域模型进行封装转换,因而对商用CAE仿真软件提出了一定的要求:①必须能通过外部编程接口控制领域模型仿真过程的步长推进;②必须能通过外部编程接口设定并读取领域模型中各种参数的数值。尽管目前各种商用CAE软件提供的外部编程接口在适用性、开发难度等方面各不相同,但在工程实际应用中,大多数商用CAE仿真软件都可以满足以上两点要求。

**3. 商用CAE仿真软件与HLA/RTI应用程序框架的接口**

在基于HLA/RTI的应用程序框架下,为了实现不同领域商用CAE仿真软件开发的子系统模型之间的动态信息交互,需要利用商用CAE仿真软件与HLA应用层程序框架提供的接口方法,从模型运行工作空间内提取模型输出变量的新值,并将模型输入变量新值置入模型运行工作空间。

这里将实现模型代理所需仿真软件提供的操作具体化为如下相应的接口方法。

(1) 从模型运行工作空间内提取模型输出变量的新值。

该接口方法可以通过CAE软件的编程接口实时获得当前时刻领域模型中对应输出变量的值,可以由接口操作函数来实现。本函数主要用以实时获取领域模型的输出变量值并发布到RTI中,给其他领域模型获取和处理。

```
public boolean modelOutputGet(String outputvariablename,double outputvariablevalue)
//功能: 根据输出变量名 outputvariablename,从模型运行工作空间内取回相应的输出变量值 outputvariablevalue。如果成功,函数返回"真",否则返回"假"。
```

在协同仿真运行时,当某个输出变量所在模型每推进一个仿真步长而得到新的输出变量值,该模型对应的联邦成员即调用此接口方法将输出变量新值取出,并赋值给与该输出变量相映射的某个对象类属性。这样当联邦成员更新(update)该对象类属性值时,相应定购了该对象类属性值的其他联邦成员将反射回(reflect)该对象类属性新值。

(2) 将模型输入变量的新值置入模型运行工作空间。

该接口方法可通过CAE软件的编程接口实时置入当前时刻领域模型中对应输入变量的值,可由接口操作函数实现。本函数的功能是根据从RTI上接收的信息对领域模型的输入变量值进行实时修改。

```
public boolean modelInputSet(String inputvariablename,double inputvariablevalue);
//功能: 向模型输入变量新值 inputvariablevalue,将输入变量 inputvariablename 置入模型运行工作空间。如果成功,函数返回"真",否则返回"假"。
```

在仿真运行时,当某个输出变量所在模型每推进一个仿真步长而得到新的输出变量值时,该模型对应的联邦成员便调用此接口方法,取出该输出变量新值,并赋值给该输出变量映射的某个对象类属性。因此,当联邦成员更新(update)该对象类属性值时,相应的定购了该对象类属性值映射的其他联邦成员将反射(reflect)回该属性新值,并调用该方法,将模型输入变量新值置入模型的运行工作空间,以保证该模型在推进仿真步长时,其输入变量已被赋予与其映射的其他模型输出变量的最新值。

(3) 商用CAE仿真软件的启动和模型的初始化。

不同领域商用CAE仿真软件开发的模型对应的联邦成员,在开始仿真运行前(更准确的描述为:开始仿真步进前),通常必须调用该接口方法以启动相应的商用CAE仿真软件,同时将模型置入该商用仿真软件的工作空间,并对模型进行相关的初始化操作,为模型的仿真运行做好准备。

```
public boolean initSimulationRunning ( )
//功能:启动仿真软件,将模型置入仿真软件工作空间,并完成模型的初始化.如果所有操作成功,函数返回"真",否则返回"假"。
```

(4) 仿真结束后模型运行工作空间处理与商用CAE仿真软件关闭。

不同领域商用CAE仿真软件开发的模型对应的联邦成员,在仿真运行结束后调用该接口方法,对模型运行工作空间进行相关处理,并"关闭"该仿真软件。

```
public boolean endSimulationRunning ( )
//功能:仿真运行结束后,对模型运行工作空间进行相关处理,并关闭仿真软件。如果成功,函数返回"真",否则返回"假"。
```

(5) 商用CAE仿真软件实现模型仿真步长推进。

该方法是商用仿真软件必须提供的与HLA应用层接口的核心方法。通过该方法,各领域模型对应的联邦成员可以充分利用各领域商用仿真软件的仿真步进功能。

该接口方法可以控制本软件工具内的仿真过程由当前时刻运行到指定时刻,并暂停仿真。本函数可在特定的协同仿真联邦时间管理机制下实现本领域联邦成员的时间推进。本函数有多种实现方法,比如某类软件接口可以灵活地指定由某个时刻运行到另一时刻,如ADAMS的仿真脚本命令和MATLAB的引擎API函数;而另一类软件接口只能提供类似暂停仿真/恢复仿真等简单操作,比如ADAMS的用户子程序和MATLAB的S函数,这时就需要通过程序实现对仿真时间的实时监控,当运行到指定时刻时使仿真过程暂停,以达到同样的效果。为了统一起见,将所有实现方法封装为timeAdvance函数。

```
public boolean timeAdvance (double advanceTime )
//功能:在上一时间步的基础上,商用仿真软件针对仿真模型推进一个仿真步,获取模型输出变量的新值。如果成功,函数返回"真",否则返回"假"。
```

不同领域商用CAE仿真软件开发的模型对应的联邦成员,每当推进一个时间步长时调用该方法,实现商用CAE仿真软件针对模型一个仿真时间步的推进(在上一时间步的基础上),从而获取模型所有输出变量的新值。当获取模型输出变量新值后,联邦成员可以调用接口方法 public boolean modelOutputGet()函数,提取输出变量新值,并赋值给输出变量映射的对象类属性。这样当联邦成员更新(update)这些对象类属性值时,定购了这些对象类属性值的其他联邦成员将反射回(reflect)这些对象类属性的新值。

为参与基于 HLA/RTI 的多领域建模与协同仿真,各领域商用 CAE 仿真软件必须支持与 HLA 应用层程序框架接口兼容的上述五种接口方法。

HLA 作为一种先进的仿真体系结构,在标准性、开放性、可扩充性和支持分布式仿真方面具有诸多优点。将 HLA/RTI 作为"仿真总线",各领域商用仿真软件只需开发与 HLA/RTI 的接口,即可实现不同领域商用仿真软件的多领域建模和协同仿真。

## 6.5 典型应用案例

复杂工程系统设计中存在大量多学科耦合建模与协同计算的实例,例如:不同路面、各种驾驶条件下的汽车姿态控制和整车多体动力学仿真问题;高速列车运行安全性分析中的流场动力学、姿态稳定性、气动载荷和系统响应的耦合建模与计算问题;飞行器飞行过程中的动力学性能、姿态稳定性和系统控制问题;大型燃气轮机流-热-固多场耦合计算问题;复杂机电装备机-电-液协同参数设计问题等。这些复杂产品设计变量多、关联关系复杂、系统耦合度高,往往难以对复杂产品进行直接求解和整体优化设计。协同仿真通过对物理系统的耦合建模和协同计算,实现复杂工程系统的综合分析和性能优化,在复杂产品开发领域具有广泛的应用需求。本节将介绍轿车动力学的协同仿真应用实例。

汽车产品开发过程中如何改善汽车行驶过程中的平顺性,是新车型设计中十分关注的问题。汽车在不同路面上行驶的过程是一个复杂的多自由度振动系统,进行汽车行驶过程平顺性定量分析和评价的关键在于建立合理的动力学分析模型。计算机仿真技术的发展,通过汽车多自由度的动力学建模与仿真,为研究汽车行驶平顺性改善提供了有效途径。

下面介绍某型汽车 7 自由度的动力学协同仿真应用案例,通过对车辆与路面之间相互耦合作用的复杂动力作用过程机理进行仿真分析,研究车辆关键结构和参数的适用性,并根据仿真结果为车辆的性能改进和设计优化提供依据。

**1. 车辆悬架 7 自由度模型**

车辆悬架 7 自由度模型是一种典型的分析模型,如图 6-15 所示。它主要用于研究车辆悬架特性,包括车身的侧倾、俯仰、垂向运动及四个车轮的跳动。某型号车辆的主要参数见表 6-1,采用 MATLAB/Simulink 工具,试图对车辆在 E 级路面上以 36km/h 速度行驶进行平顺性仿真分析。

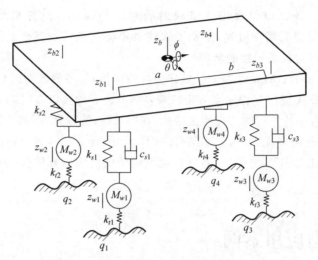

图 6-15 汽车 7 自由度动力学模型示意图

表 6-1 某型号车辆的主要参数

| 参数名称 | 参数符号 | 参数设计(方案一) | 参数设计(方案二) |
| --- | --- | --- | --- |
| 簧上质量 | $M_b$ | 1380kg | 1380kg |
| 俯仰转动惯量 | $I_p$ | 2440kg·m² | 2440kg·m² |
| 侧倾转动惯量 | $I_r$ | 380kg·m² | 380kg·m² |
| 前轮簧下质量 | $M_{w1},M_{w2}$ | 40.5kg | 40.5kg |
| 后轮簧下质量 | $M_{w3},M_{w4}$ | 45.4kg | 45.4kg |
| 轮胎刚度 | $k_{t1},k_{t2},k_{t3},k_{t4}$ | 192 000N/m | 268 000N/m |
| 前悬架刚度 | $k_{s1},k_{s2}$ | 17 000N/m | 24 606N/m |
| 后悬架刚度 | $k_{s3},k_{s4}$ | 22 000N/m | 26 115N/m |
| 悬架阻尼 | $c_{s1},c_{s2},c_{s3},c_{s4}$ | 1500N·s/m | 1200N·s/m |
| 1/2 轮距 | $\dfrac{B}{2}$ | 0.74m | 0.87m |
| 前轴距 | $a$ | 1.25m | 1.488m |
| 后轴距 | $b$ | 1.51m | 1.712m |

汽车在不平坦的路面上行驶,受路面颠簸影响产生的激励,建立空间 7 自由度的汽车振动分析数学模型,如式(6-11)表示为

$$\begin{cases}
M_b\ddot{z}_b + c_{s1}(\dot{z}_{b1}-\dot{z}_{w1}) + k_{s1}(z_{b1}-z_{w1}) + c_{s2}(\dot{z}_{b2}-\dot{z}_{w2}) + k_{s2}(z_{b2}-z_{w2}) + \\
\quad c_{s3}(\dot{z}_{b3}-\dot{z}_{w3}) + k_{s3}(z_{b3}-z_{w3}) + c_{s4}(\dot{z}_{b4}-\dot{z}_{w4}) + k_{s4}(z_{b4}-z_{w4}) = 0 \\
I_p\ddot{\theta} - a[c_{s1}(\dot{z}_{b1}-\dot{z}_{w1}) + k_{s1}(z_{b1}-z_{w1}) + c_{s2}(\dot{z}_{b2}-\dot{z}_{w2}) + k_{s2}(z_{b2}-z_{w2})] + \\
\quad b[c_{s3}(\dot{z}_{b3}-\dot{z}_{w3}) + k_{s3}(z_{b3}-z_{w3}) + c_{s4}(\dot{z}_{b4}-\dot{z}_{w4}) + k_{s4}(z_{b4}-z_{w4})] = 0 \\
I_r\ddot{\varphi} + \dfrac{B}{2}[c_{s1}(\dot{z}_{b1}-\dot{z}_{w1}) + k_{s1}(z_{b1}-z_{w1}) - c_{s2}(\dot{z}_{b2}-\dot{z}_{w2}) - k_{s2}(z_{b2}-z_{w2}) + \\
\quad c_{s3}(\dot{z}_{b3}-\dot{z}_{w3}) + k_{s3}(z_{b3}-z_{w3}) - c_{s4}(\dot{z}_{b4}-\dot{z}_{w4}) - k_{s4}(z_{b4}-z_{w4})] = 0 \\
M_{w1}\ddot{z}_{w1} - c_{s1}(\dot{z}_{b1}-\dot{z}_{w1}) - k_{s1}(z_{b1}-z_{w1}) + k_{t1}(z_{w1}-q_1) = 0 \\
M_{w2}\ddot{z}_{w2} - c_{s2}(\dot{z}_{b2}-\dot{z}_{w2}) - k_{s2}(z_{b2}-z_{w2}) + k_{t2}(z_{w2}-q_2) = 0 \\
M_{w3}\ddot{z}_{w3} - c_{s3}(\dot{z}_{b3}-\dot{z}_{w3}) - k_{s3}(z_{b3}-z_{w3}) + k_{t3}(z_{w3}-q_3) = 0 \\
M_{w4}\ddot{z}_{w4} - c_{s4}(\dot{z}_{b4}-\dot{z}_{w4}) - k_{s4}(z_{b4}-z_{w4}) + k_{t4}(z_{w4}-q_4) = 0
\end{cases}$$
(6-11)

其中,$z_b$、$\theta$、$\varphi$ 分别表示车辆质心的垂直动位移、俯仰角和侧倾角,$z_{w1}$、$z_{w2}$、$z_{w3}$、$z_{w4}$ 分别为车辆左前轮、右前轮、左后轮、右后轮的垂直动位移,$z_{b1}$、$z_{b2}$、$z_{b3}$、$z_{b4}$ 分别为车辆左前轮、右前轮、左后轮、右后轮上方车体的垂直动位移,且有

$$\begin{cases}
z_{b1} = z_b - a\theta + \dfrac{1}{2}B\varphi \\
z_{b2} = z_b - a\theta - \dfrac{1}{2}B\varphi \\
z_{b3} = z_b + b\theta + \dfrac{1}{2}B\varphi \\
z_{b4} = z_b + b\theta - \dfrac{1}{2}B\varphi
\end{cases}$$
(6-12)

式中,$q_1$、$q_2$、$q_3$、$q_4$ 分别为车辆左前轮、右前轮、左后轮、右后轮的路面颠簸激励输入,如果各个车轮行驶的路面条件相同,那么各车轮的路面激励输入相同,否则仿真时各车轮的路面激励输入可取不同颠簸条件下的值。

**2. 构造标准路面不平度的数学模型**

接下来建立路面不平度的描述模型,采用三角级数法构造标准路面不平度函数的方法。在车辆动力学仿真分析中,车辆动力学模型的激励来自路面不平顺的颠簸,因此路面不平度的构造至关重要。

1) 标准路面不平度函数 $q(t)$ 的构造

假定车辆以一定的速度 $u$ 行驶在 E 级路面上,构造此时的路面不平度激励函数 $q(t)$。采用三角级数法构造标准路面不平度函数 $q(t)$ 的数学模型如下式

$$q(t) = \sum_{k=1}^{N} a_k \sin(2\pi f_k t + \phi_k) \tag{6-13}$$

式中，$\phi_k$ 为初相角，它是在 $(0,2\pi)$ 区间服从均匀分布的随机变量，且对应于 $k=1$，$2,\cdots,N$ 中的 $N$ 个 $\phi_k$ 彼此两两独立；$a_k$ 为三角函数的幅值系数，单位为 m；$f_k$ 表示第 $k$ 个时间频率区间的中心频率，单位为 Hz。

2）中心频率 $f_k$ 的确定

设路面激励的空间频率分布区间为 $(n_l,n_h)$，则与之对应的时间频率区间为 $(f_l,f_h)$，按照线性坐标等分频率区间 $(f_l,f_h)$，区间划分的个数 $N$ 根据仿真路面的长度与时间而定。设 $(f_{kl},f_{kh})$ 为第 $k$ 个频率段，$f_{kl}$ 和 $f_{kh}$ 分别为该频率段的下限和上限频率，则

$$\begin{cases} f_{kl}=f_{(k-1)h}=f_l+\dfrac{k-1}{N}(f_h-f_l) \\ f_{kh}=f_l+\dfrac{k}{N}(f_h-f_l) \end{cases} \tag{6-14}$$

令 $A=\dfrac{f_h-f_l}{N}$，则第 $k$ 个中心频率为

$$f_k=f_l+\dfrac{A(2k-1)}{2} \tag{6-15}$$

3）幅值系数 $a_k$ 的确定

根据 Parseval 公式和能量信号的相关定理，结合路面不平度时间谱密度 $G_q(f)$，路面不平度函数的幅值系数 $a_k$ 可根据如下方式确定

$$a_k^2=2\int_{f_{kl}}^{f_{kh}}G_q(f)\mathrm{d}f=2G_q(n_0)n_0^2 u\left(\dfrac{1}{f_l+(k-1)A}-\dfrac{1}{f_l+kA}\right) \tag{6-16}$$

4）初相角 $\phi_k$ 的确定

初相角 $\phi_k$ 可按照随机数生成方法中的乘同余法生成 $(0,2\pi)$ 区间上均匀分布的随机序列。这样就用三角级数法实现了路面不平度函数的模拟。

5）路面不平度函数的计算

针对上述模拟的 E 级路面不平度函数，可用 MATLAB 的内置经验分布函数和正态分布检验函数进行分布特性检验、参数一致性检验和功率谱密度检验，因篇幅所限此处不再展开。通过这些检验可知，构造的路面不平度函数符合国标规定的使用要求。

读者可自行编写程序或通过 MATLAB 工具实现路面不平度函数的计算。若模拟车辆以 $u=60\text{km/h}$ 的路面不平度颠簸激励，此时得到的路面谱构造曲线如图 6-16 所示。

**3. 车路协同的联合仿真**

建立车路协同的联合仿真模型，如图 6-17 所示，进行汽车行驶过程的平顺性仿真分析。读者可在 MATLAB 中建立路面不平度函数模型，并根据式 (6-11) 表示的空间 7 自由度汽车振动分析数学方程组，在 Simulink 系统中建立车辆仿真模型，如图 6-18 所示。读者也可自行开发仿真求解器并编写建模和仿真计算程序实现。

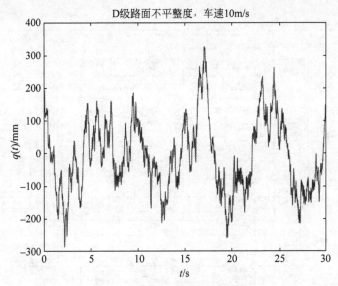

图 6-16 路面不平度的路谱曲线

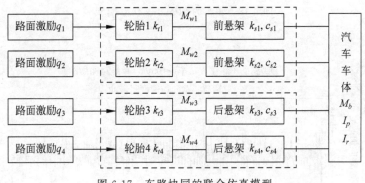

图 6-17 车路协同的联合仿真模型

车辆设计主要参数按照表 6-1 中给定的参数值为各个模型赋予初值,通过仿真分析对方案一和方案二进行性能比较。

若要在 Simulink 系统中对车辆以 60km/h 的速度行驶进行平顺性仿真,参数设置为:仿真时长 60s,仿真算法为 ode45 变步长方法,最大步长 0.1s,最小步长 0.01s,初始步长 0.05s,其余取默认值,运行模型可得到仿真运行后的结果。针对方案一的参数取值情况,图 6-19 至图 6-21 为车辆质心加速度变化情况。

通过车路协同的方式,对汽车行驶过程的平顺性进行仿真分析,据此研究车辆关键结构和参数的适用性,并根据不同参数条件下的仿真结果进行对比分析,仿真结果可为车辆性能的改进提供依据,进而改善和优化车辆的设计性能。计算机仿真技术的发展实现了汽车多自由度的动力学建模与仿真,为研究汽车行驶平顺性的提升提供了有效途径。

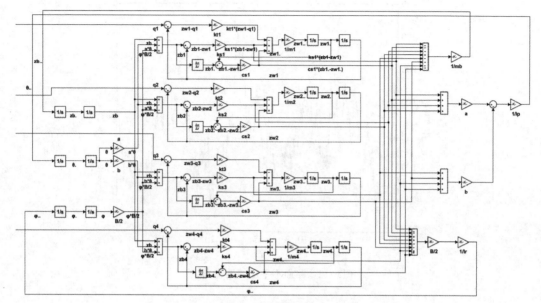

图 6-18 轿车的 Simulink 仿真模型

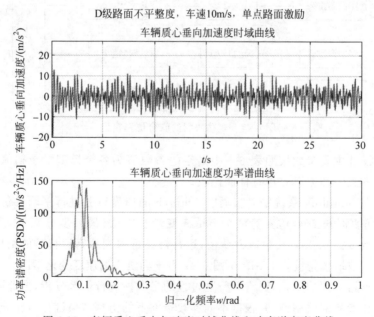

图 6-19 车辆质心垂向加速度时域曲线和功率谱密度曲线

第 6 章 多领域协同仿真及应用

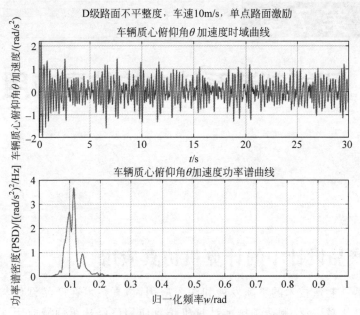

图 6-20 车辆质心俯仰角加速度时域曲线和功率谱密度曲线

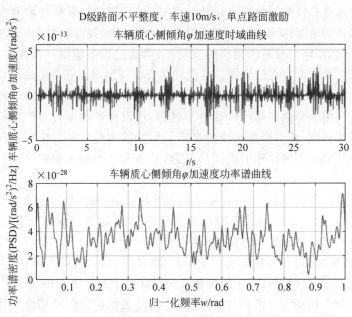

图 6-21 车辆质心侧倾角加速度时域曲线和功率谱密度曲线

# 第 7 章

# 智能制造系统中的仿真应用

## 7.1 产品设计中的计算机仿真应用

随着智能制造技术的不断发展和深入应用，仿真技术在产品设计与制造过程中的应用越来越广泛，制造领域的计算机仿真应用已经从单领域应用逐步扩展到复杂产品全生命周期的多领域应用。

仿真技术是验证和优化产品设计的重要手段，目前在复杂产品开发过程中发挥着无法取代的重要作用。随着产品复杂程度的不断提高，利用仿真与虚拟现实技术，在高性能计算机及高速网络的支持下，可通过模型模拟和预测产品功能、性能及可加工性等方面存在的问题。将设计任务确定的产品在全生命周期后续的制造、使用、维护和销毁等不同阶段的产品行为指标作为设计目标，通过将计算机仿真技术全面应用于复杂产品的设计开发过程，在设计阶段即可对产品的全生命周期进行分析和测试，获得产品在全生命周期后续的制造、使用、维护和销毁等不同阶段，在不同环境、不同操作下的产品行为，从而满足产品的制造、使用、维护和销毁等要求。

在产品设计阶段，基于三维数字化模型的建立，利用仿真技术进行虚拟产品开发，如整机的动力学分析、运动部件的运动学分析、关键零件的热力学分析等，开展模型试验分析和优化设计。目前，计算机仿真技术在复杂产品设计中的应用非常广泛，包括机械结构分析、多体动力学仿真、碰撞仿真、空气动力学仿真等，通过对产品各种性能的仿真分析，可实现机械系统设计方案的性能分析与优化。例如，通过产品的运动学和动力学仿真，在产品设计阶段就能解决运动构件工作时的运动协调关系，运动范围设计，可能的运动干涉检查，产品动力学性能、强度、刚度等问题。

复杂产品的设计开发涉及机械、电子和控制等多领域，传统新产品的开发通常要经过设计、样机试制、工业性试验、改进定型和批量生产等阶段。由于技术的限制，在设计阶段获取的产品相关信息极为有限，设计人员对详细设计方案的仿真和评估也有限,很难保证设计中不出现差错,而对于那些高投入的复杂产品,一旦出现难以弥补的设计错误,就会造成极大损失。仿真技术是验证和优化产品设计的重要手段,在整个产品开发过程中发挥着重要作用,且随着技术的发展,这种重要性在不断加强。计算机仿真技术为产品的设计和开发提供了强有力的工具和手段。

## 7.2 基于仿真的虚拟样机技术

仿真技术是虚拟样机技术的重要组成部分,虚拟样机基于模型的复杂系统,其技术发展需以系统建模和仿真技术为支撑。复杂产品虚拟样机开发需采用系统工程方法,综合运用数字化建模技术、分布式计算与先进仿真技术、集成化设计制造技术和生命周期管理技术,支持复杂产品全生命周期的数字化、虚拟化、协同化设计开发与研制过程。

**1. 复杂产品虚拟样机的主要特点**

复杂产品虚拟样机的主要特点是在数字化设计、系统建模、仿真分析等不同过程中,涉及机、电、液、控等多学科专业领域知识,模型是由分布的、不同工具开发的甚至异构模型组成的模型联合体,包括产品CAD模型、功能和性能仿真模型、产品运行环境模型等,可能涉及的学科领域多、仿真类型多、应用范围广,虚拟样机可应用于复杂产品设计制造的全生命周期,包括需求分析、概念设计、详细设计、生产制造、性能测试、服役使用、维护训练及产品报废等所有阶段。

基于虚拟样机的产品开发模式具有以下特点。

(1)基于虚拟样机的产品开发过程大量采用单领域、多领域仿真技术,使产品在设计阶段早期就能方便地分析和比较多种设计方案,确定影响产品性能的关键参数,优化产品设计性能,在虚拟环境下预测产品在接近实际工作状态下的行为特征。

(2)复杂产品虚拟样机强调在系统层面模拟产品的外观、功能,以及特定环境下的产品性能和行为特征。

(3)虚拟样机可应用于产品开发的全生命周期,并随着产品生命周期的演进而不断丰富和完善。在产品设计的不同阶段,虚拟样机具有不同的表现形式和详细程度。

(4)虚拟样机技术支持不同领域人员从不同角度对同一虚拟产品并行地进行测试、分析与评估活动。

(5)建模仿真代替物理试验。基于虚拟样机的设计方法,采用先进仿真技术,利用虚拟样机可完成大量物理样机无法完成的虚拟试验,从而获得产品最优设计方案。

**2. 虚拟样机技术**

虚拟样机技术是一种基于产品的计算机仿真模型的数字化设计方法。它融合了现代建模与仿真技术,基于计算机仿真模型的数字化设计方式进行复杂产品开发时的动、静态性能分析,实现虚拟环境下复杂产品的多学科优化设计。

复杂产品虚拟样机技术以各领域CAX/DFX技术为基础,要求在设计过程中大量引入仿真活动,还要求原有的由物理样机完成的试验尽可能由计算机仿真完成,这就需要大量满足各领域仿真需要的仿真工具,比如机械多体动力学、控制系统仿真、流体力学仿真、有限元分析、嵌入式系统仿真等。大量的各类仿真模型也是虚拟样机的重要组成部分。它既是一种基于计算机仿真模型的数字化设计方法,也是一种系统化的工程设计与管理方法。

复杂产品虚拟样机工程技术体系的主要组成如下。

(1) 复杂产品虚拟样机总体技术:包括复杂产品虚拟样机的总体运行模式、体系结构、标准规范与协议、系统集成技术、工程应用实施技术等。

(2) 复杂产品虚拟样机建模技术:包括高层建模技术、单领域(如机械、电子、控制等)产品虚拟样机建模技术、多学科虚拟样机协同建模技术等。

(3) 复杂产品虚拟样机协同仿真技术:包括协同仿真实验技术和协同仿真运行、管理技术等。

(4) 复杂产品虚拟样机管理技术:主要包括数据、文档、模型、内容、知识的管理技术,流程管理技术等,实现对涉及的大量数据、模型、工具、流程及人员的组织和管理。

(5) 虚拟环境技术:虚拟环境是由计算机全部或部分生成的多维感觉环境,通过虚拟环境可进行观察、感知和决策等活动。

(6) 虚拟样机集成支撑环境技术:主要提供一个支持分布、异构系统并基于"系统软总线"的即插即用环境,实现分布、异构的不同软硬件平台的协同工作环境。

**3. 虚拟样机技术的应用**

虚拟样机技术支持产品开发全生命周期从需求分析、概念设计、初步设计、详细设计、测试评估、生产制造到使用维护和训练等不同阶段。

1) 需求分析及概念设计阶段

利用虚拟样机技术,根据用户需求建立未来产品的可视化和数字化描述,描述产品功能和外部行为的结构模型。借助数字模型,进行未来产品的功能仿真,向设计部门演示和说明产品功能的具体要求和使用环境,并给出未来产品的性能要求及其粗略组成框架。在需求分析阶段,虚拟样机技术通过虚拟现实人机接口可使用户看到未来产品的外观造型、色彩、材料质地等;通过粗略的功能仿真,可向用户演示和说明产品功能。这种基于虚拟样机技术的需求分析更具直观性,通过可视化虚拟模型的直观展现,便于用户与设计人员之间的沟通和理解,保证获取需求的准确性,使开发的产品能够真正满足用户需求。

2) 初步设计阶段

初步设计阶段主要包括产品方案设计、产品配置设计和参数设计等内容。利用虚拟样机技术,在前一阶段需求样机的基础上,对未来产品方案设想的可视化和数字化描述进一步细化,通过三维数字化模型的计算机图形显示,模拟产品的组成结构及各部分的连接关系;通过虚拟环境,设计人员可以在产品内部漫游,多方位观察产品的内部细节,从而有助于提高产品设计质量;功能模块和模块间信息流动关系的细化,为产品性能和外部行为提供物理细节和详细的可视化描述,将模拟物理现象的模型加入数字模型;初步设计的产品模型的各子系统可进行各类性能、功能仿真,还可方便地对多种设计方案进行分析比较,从中选择最优方案;利用产品数字模型对产品的可制造性、可装配性及可维护性进行概略评估,及时发现潜在的设计问题。

3) 详细设计阶段

在这一阶段,虚拟样机随着详细设计的进行而得到进一步细化,主要由产品的各种物理性能模型、CAD 模型及其他模型(成本、维护等)组成。使用虚拟样机开展产品的各种仿真试验工作,评估详细设计方案的优缺点,并对设计进行优化。利用虚拟样机,还可对产品的可制造性、可装配性、可维护性等进行高精度仿真分析,并根据评估结果对产品的开发和生产进度、成本、质量提出更全面的要求。

4) 测试评估阶段

产品开发的各个阶段都需要相应的测试评估工作,这里的测试评估主要针对产品样机整体进行全方位的测试评估。测试评估工作主要检验产品能否满足指定的性能指标,并发现设计中的缺陷,确认指标满足后方可正式投入生产。在测试评估阶段,虚拟样机基本定型。根据设计方案建立虚拟样机模型,通过虚拟样机试验获取设计方案全方位的信息,以指导设计改进。评估优化及决策支持是以产品的仿真模型为对象,通过各种方式的仿真测试对仿真模型进行参数修改,并进行反复测试,将仿真结果与目标比较,需要时可对设计进行修改,再采用虚拟样机进行仿真测试,直到获得满意的结果。

5) 生产制造及使用维护阶段

虚拟样机技术可以模拟产品的真实加工制造过程,以及辅助设计加工生产线,以提高生产效率。在使用维护阶段,向复杂产品的虚拟样机中加入可靠性模型、维护模型和可用性模型,以支持产品的虚拟化运行维护。另外,在虚拟样机中加入操作模型,可进行操作人员的技能培训,例如汽车驾驶的模拟仪表盘、战斗机的模拟飞行驾驶舱等。在军事领域,很多新研制的武器在正式投入使用之前,都会使用虚拟样机和先进的人机交互技术对军事人员进行使用培训。

## 7.3 复杂产品的协同仿真应用

在现代产品设计领域,复杂产品具有机、电、液、控等多领域耦合的显著特点,如飞行器、机车车辆、武器装备等,其集成化开发需要在设计早期综合考虑多学科协同和模型耦合问题,通过系统层面的仿真分析和优化设计,提高整体的综合性能。这一节以某型摆式列车的典型复杂产品开发为实例,讨论多学科协同仿真的技术方法及应用特点。

**1. 摆式列车的基本原理**

铁路车辆在曲线轨道段运行时允许的最高速度与曲线半径、最小外轨超高、允许欠超高、允许过超高等参数有关。当列车高速通过曲线区间时,产生的离心加速度可能导致下列严重问题:①乘坐舒适性恶化;②铁路外轨受到偏向力的作用,容易导致轨道位置失常;③列车容易在曲线外侧脱轨;④列车存在向曲线内侧翻车的风险。如图 7-1 所示,常规线路的曲线轨道通常采用外轨加高的方法,使列车产生一个向心力,以平衡列车在曲线段运行时产生的离心力。外轨超高的高度根据铁路弯道的曲线半径和列车速度确定,为兼顾货车和客车混合运行的不同需求,保证列车运行安全性,外轨超高将受到严格限制。

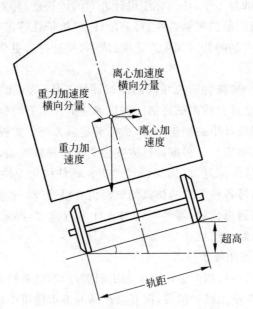

图 7-1 摆式列车的外轨超高原理

由于铁路列车运行速度不断提高,既有铁路线路曲线轨道段的外轨超高已无法满足平衡离心力的要求。在这种情况下,向曲线内侧倾斜车体,也可以弥补外轨超高的不足,这也是摆式列车技术得以发展的原因。

相对于传统的铁路车辆而言,摆式列车是一种具有特殊车体结构和控制技术的新型列车,它主要解决列车通过曲线时离心加速度过大带来的限速问题。在轨道线路实际超高一定的条件下,摆式列车车辆进入曲线时,可使车体向轨道内侧再倾摆一个角度,相当于额外增加一定的超高,于是车上的重力加速度横向分量可平衡更大的离心加速度,从而提高列车通过曲线弯道时的速度。

设未平衡的离心加速度为 $a_u$,则

$$a_u = \frac{v^2}{R} - \frac{gh}{S} \tag{7-1}$$

式中,$v$ 为运行速度,单位为 m/s;$R$ 为轨道曲线半径,单位为 m;$g$ 为重力加速度,单位为 m/s$^2$;$h$ 为轨道曲线外轨超高,单位为 m;$S$ 为左右车轮滚动圆间距离,单位为 m。

当列车以均衡速度 $v_0$ 通过曲线轨道时,如车体离心加速度恰好与重力加速度分量平衡,则由式(7-1)可得

$$v_0 = \sqrt{Rgh/S} \tag{7-2}$$

工程实际中速度单位 $v$ 以 km/h 为单位,外轨超高 $h$ 以 mm 为单位,取 $g = 9.81$m/s$^2$,$S = 1500$mm,代入式(7-2)中,可得

$$v_0 = 0.291\sqrt{Rh} \tag{7-3}$$

在考虑允许欠超高为 $h_g$ 的情况下,由式(7-3)可得允许列车通过的速度

$$v_1 = 0.291\sqrt{R(h_1 + h_g)} \tag{7-4}$$

对于摆式列车,设车体倾摆折算的附加超高为 $h_w$,则由式(7-3)可得

$$v_2 = 0.291\sqrt{R(h_1 + h_g + h_w)} \tag{7-5}$$

由式(7-5)可知,为了进一步提高列车的曲线通过速度 $v_2$,可增加摆式车的倾斜角度 $\gamma$,以得到更大的附加超高 $h_w$。但实际上,考虑到安全性和舒适性的要求,倾角 $\gamma$ 的大小也会受到限制,通常小于 8°,倾斜速度通常小于 5°/s。

根据列车倾摆方式可将摆式车体分为两种:①被动式自然倾摆,利用列车通过曲线时的离心力作用,使车体自然地向曲线内侧倾摆,没有外加的动力;②主动倾摆式,通过外加的动力强制车体向曲线内侧倾摆,需要通过相应的信号采集、控制系统和执行机构实现。

在主动倾摆式车体的开发过程中,涉及多体动力学系统、控制系统、液压系统等分属多个专业领域的子系统,而且各子系统之间关系密切。

**2. 摆式列车协同仿真的难点分析**

对于摆式列车而言,进入铁路弯道时合理的车体倾摆控制尤为重要。而要实现对车体倾摆执行机构的控制,需要对取自传感器的信号进行实时处理,以实现列车通过弯道过渡段时希望获得的动态响应。列车运行在曲线轨道上时,车体倾斜的大小和速率应与转弯产生的向心加速度的增长速度相符,列车车体倾摆角应逐渐增大,使之与正常出现的弯道加速和增大的超高角完美地协调。大多数倾摆控制机构以横向加速度计为基础,这些加速度计固定在车体或转向架上,能够测出弯道加速度。目前,大多数现代倾摆控制系统采用所谓的"超前倾摆"控制方式,这种控制方式的命令信号来自前一节车辆,倾摆角指令取自固定在车辆最前面转向架上的加速度传感器,并根据列车速度、车厢长度等信息通过适当的延时逐级向后传

送。通过适当的滤波器设计,使滞后时间正好与前一节车辆的超前作用相抵消,从而保证良好的列车倾摆控制品质。超前倾摆控制系统的原理如图7-2所示。

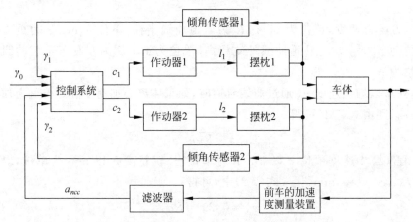

图 7-2　摆式列车超前倾摆的控制原理

综合以上分析,摆式列车可被视为由多体动力学系统、控制系统、液压系统等彼此独立且相互作用的子系统组成的复杂系统。在列车运行过程中,多体动力学系统实时向控制系统传递传感器信号 $y_m$,如列车速度、横向加速度等;控制系统根据输入的信号,由相应的控制算法产生控制信号 $u$,并传递给液压执行机构;液压系统根据收到的控制信号产生对应的行程 $\mu$,再传递给多体动力学系统,驱动转向架上的四连杆机构,从而使列车产生倾摆,实现整个控制过程。

摆式列车倾摆系统的基本结构如图7-3所示。其中,$G_c$ 为控制器传递函数,$G_v$ 为作动器传递函数,$G_p$ 为多体动力学系统传递函数,$G_d$ 为对象干扰通道传递函数,$G_m$ 为传感器传递函数,$r$ 为设定值,$y$ 为被调量,包括列车的各种运行参数,$y_m$ 为被调量的测量信号;$u$ 为控制器输出;$\mu$ 为作动器输出;$D$ 为系统收到的干扰信号;$e$ 为偏差信号。

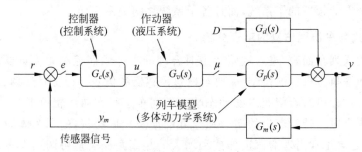

图 7-3　列车主动式倾摆系统控制结构框图

摆式列车的多学科协同仿真难点主要体现在以下几个方面。
(1)产品功能结构复杂。摆式列车增加了检测装置、控制系统、液压系统、倾摆机构等，通过检测机构获取列车当前的运行状态，在一定控制算法的支持下产生倾摆控制信号，并经由液压系统作用于倾摆机构，实现弯道过渡段预期的动态响应，以达到更优的乘坐舒适性指标。摆式列车的工作原理相对于传统列车，系统的复杂性大大增加。

（2）各子系统学科模型之间存在关联耦合与交互关系。摆式列车的倾摆装置由控制系统、执行机构、受控系统等主要子系统组成，分别对应控制、液压及多体动力学等专业领域。各子系统通过彼此作用，构成一个完整的多学科复杂系统，共同实现列车通过曲线轨道时的动态响应。与此相对应，各学科模型之间存在紧密的耦合与交互关系，在设计过程中主要约束参数存在相互制约关系。

（3）传统的单学科仿真方式无法满足设计需求。对摆式列车进行多体动力学的仿真分析时，如果完全忽略控制系统和液压系统的影响，仅通过设定一个简单控制函数驱动列车倾摆，将导致系统模型的描述与列车运行过程的系统行为特征严重不符。对整个复杂系统进行精确分析与评估，需要实现各相关子系统组成的多学科协同仿真，将各学科的仿真模型联合起来进行系统层面的协同仿真，体现了复杂系统的整体性，可为摆式列车的合理化设计与性能仿真分析提供支持。

**3. 摆式列车多学科协同仿真模型的组成**

摆式列车的多学科协同仿真模型主要由控制模型、液压模型和多体动力学模型三个学科的模型组成。其中，多体动力学模型包括车体、摆枕、构架和轮对，作为被控系统，随时将列车当前的状态信息发送给控制模型；控制模型用于对控制器进行仿真，接收多体动力学模型传出的状态信息，在一定控制算法的支持下产生控制信号，并传递给液压模型；液压模型用于对液压作动器进行仿真，通过接收控制器传来的控制信息，输入液压作动器的行程，并传递给多体动力学模型。学科模型之间的交互关系如图7-4所示。

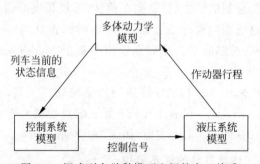

图7-4　摆式列车学科模型之间的交互关系

各学科模型的主要输入输出信号如下。

（1）多体动力学模型的输入：液压作动器行程 $\mu$；输出：列车的速度 $v$、横向加速度 $a_y$。

（2）控制模型的输入：列车的速度 $v$、横向加速度 $a_y$；输出：控制信号 $u$（倾摆角度)。

(3) 液压模型的输入：控制信号 $u$；输出：液压作动器行程 $\mu$ (根据需要的倾摆角度及受控系统结构确定)。

摆式列车的多体动力学系统通常采用多刚体方法建立车辆模型，即把车体、两个摆枕、两个构架及四个轮对视为刚体。车体在液压作动器的作用下相对于摆枕做绕位于车体重心下一点的倾摆运动。机械结构模型考虑每个刚体的垂向及横向位移、摇头、点头、侧滚，而摆枕只考虑其相对车体的侧滚。关于轮对，则考虑轮轨接触的几何关系非线性、横向位移、摇头转动，以及轮对自旋扰动刚度，且将车轮相对于平均转动速度 $\Omega$ 的自旋扰动角速度作为独立变量。摆式列车转向架的多体动力学模型如图 7-5 所示。

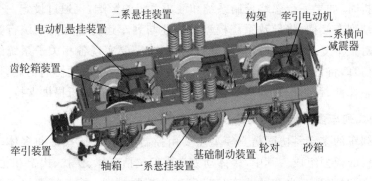

图 7-5　列车转向架结构的 ADAMS 模型简图

摆式列车的控制系统建模通常利用 MATLAB 完成。控制系统采用超前倾摆的控制方式，其主要输入信号包括列车最前面转向架的横向加速度、前后两个摆枕的当前倾摆角度、预设的性能指标，输出信号为传递给两个液压作动器的控制信号。第一节车厢产生控制信号之后，将列车速度、车厢长度等信息通过适当的延时逐级向后传送。通过适当的设计滤波器，使滞后时间正好与前一节车的超前作用相抵，从而保证良好的控制品质。控制系统模型基于 MATLAB 利用 Simulink 工具箱建模，如图 7-6 所示。

液压系统建模可采用 MATLAB 等通用的系统软件工具，也可采用专用的液压仿真软件，如 Hopsan、DHS plus、EASY5 等。这里摆式列车液压作动器的模型采用专门的液压仿真软件 Hopsan 实现，如图 7-7 所示。

**4. 摆式列车协同仿真系统的体系架构**

协同仿真系统的构建采用基于 IEEE HLA 标准的高层建模方法，参照 FMCS FOM 的建模要求，将各领域的仿真应用集成到统一的 HLA/RTI 分布式仿真框架中，设计多学科协同仿真系统的联邦对象模型，以及各仿真对象模型之间的交互关系。根据 HLA 建模要求，将各领域的联邦成员及支持工具组合为多学科协同仿真联邦，实现基于 HLA/RTI 的协同仿真运行。摆式列车基于 HLA/RTI 的联邦

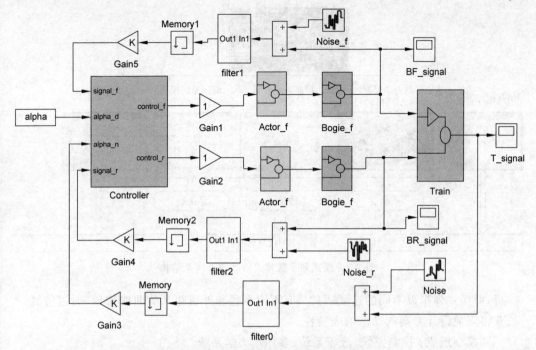

图 7-6  摆式列车控制系统的 MATLAB 模型

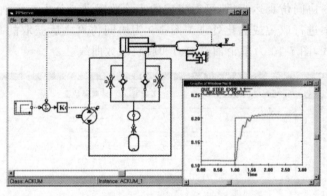

图 7-7  液压系统的 Hopsan 模型

式协同仿真系统体系结构如图 7-8 所示。采用 ADAMS 作为多体动力学系统仿真工具，MATLAB 作为控制系统仿真工具，Hopsan 作为液压系统仿真工具，并采用 HLA 适配器技术实现领域模型与 RTI 仿真总线之间的互联，本例涉及三个基于 HLA 的 CAE 软件适配器，即 ADAMS/HLA 适配器、MATLAB/HLA 适配器及 Hopsan/HLA 适配器。除了三个主要领域的模型，协同仿真系统还包括仿真运行管理器、数据采集工具、在线分析工具、可视化输出工具等辅助系统。

**5. 摆式列车协同仿真的结果分析**

仿真目标：对摆式列车通过曲线轨道时的动态响应进行多学科协同仿真分

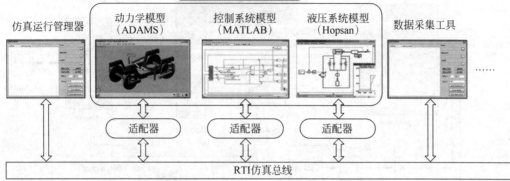

图 7-8 摆式列车联邦式协同仿真体系结构

析,即摆式列车以不同的速度通过具有不同半径和外轨超高的曲线轨道,通过仿真获得当前设计方案的动态响应特性。

模型组成:控制系统、液压系统、多体动力学系统。

协同仿真方法:基于 HLA 的软总线式先进分布仿真。

在多学科协同仿真运行后,可对生成的实验数据进行分析与评估,并在此基础上对设计方案进行取舍或优化处理。图 7-9 为协同仿真之后获取的高速动车组减载率变化曲线,图 7-10 为车轮轴横向力和脱轨系数曲线。

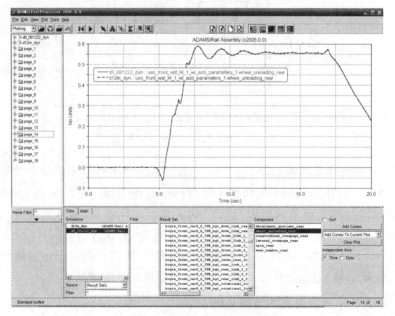

图 7-9 高速动车组减载率曲线

第 7 章 智能制造系统中的仿真应用 109

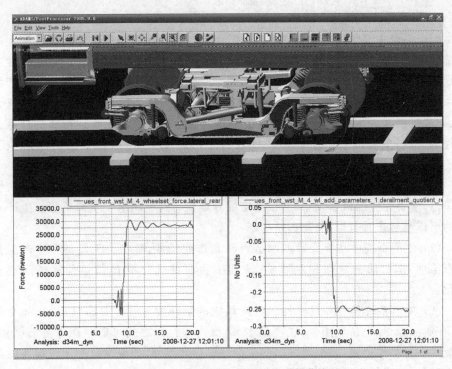

图 7-10 车轮轴横向力和脱轨系数曲线

以上以铁路领域的动车组复杂产品设计过程为工程背景进行实例分析,表明多学科协同仿真技术可为复杂产品的设计开发提供有效支持。

## 7.4 生产系统建模与仿真应用

生产系统是离散事件系统建模与仿真的重要应用领域之一。一般情况下,生产系统仿真是根据生产系统的实际情况,如生产线设备的布局、生产系统的配置、生产计划的目标、生产作业的排产、生产过程的调度等,建立生产系统的计算机仿真模型,通过对该模型在多种可能条件下的仿真实验和性能分析,研究一个正在设计或已经存在的系统。仿真不仅能够对生产系统的性能进行评价,还能够辅助决策,实现生产系统的优化运行。在生产系统的规划设计阶段,通过仿真可以选择生产系统的最佳布局和配置方案,以保证系统既能完成预定的生产任务,体现良好的经济性、生产柔性和可靠性,又能避免因设备使用不当造成巨大的经济损失。在生产系统运行阶段,通过仿真试验可以预测生产系统在不同调度策略下的性能指标,从而确定合理、高效的作业计划和调度方案,找出系统的瓶颈环节,充分发挥生产系统的生产能力,提高生产系统的产能效率和经济效益。

**1. 生产系统的组成与特点**

生产系统主要由制造设备、生产物流、制造信息系统等组成。制造设备是生产系统的设备硬件主体,根据生产需要由各种机床、加工中心、柔性制造系统、柔性生产线等加工设备,以及测量系统、辅助设备、工装、机器人等辅助系统组成;生产物流系统主要负责生产过程的物料运输与存储,通常包括传送带、智能小车、立体仓库、搬运机器人、工业托盘等;制造信息系统是整个生产系统正常运行和进行系统管控的关键,主要涉及上层的生产计划与生产调度系统,以及下层的制造执行系统。

生产过程是在一定空间内由许多生产单元实现的,生产系统应建立合理的生产单位,配备相应的机器设备,并以一定的专业化方式组织这些生产单位。生产系统的组成与运作具有以下特点。

(1) 生产系统通常涉及诸多制造资源和作业任务,某些加工设备和生产工艺具有柔性,作业任务之间相互影响,使加工资源的优化配置和路径选择问题复杂化。

(2) 生产系统具有多目标性。生产系统的运作要求往往是多目标的,如交货期、在制品数量、设备利用率、生产成本等,而这些目标之间可能存在冲突。例如,为减少在制品库存量,因机器之间的生产速率存在差异,如果在制品无法缓冲的情况下,就可能降低机器的利用率。

(3) 生产过程具有动态随机性。生产系统在实际运作过程中存在很多不确定因素,如出现一些突发性、偶然性事件,要求车间作业调度具有动态事件响应能力。

(4) 生产系统强调系统性能的整体均衡,需要从全局角度考虑问题。在建立多目标优化模型时,需要考虑的约束条件众多,计算量会随问题规模的增大而呈指数级增长。

**2. 生产系统建模与仿真的目标**

生产系统建模需要定义问题的范围及详细程度。合适的范围和详细程度应根据研究的目标及提出的问题确定。一旦将某个部件或子系统作为模型的一部分,通常就可以对其进行不同详细程度的模型描述和性能仿真。

生产系统仿真的主要目标是规划问题域并量化系统性能,常用的性能度量目标如下。

(1) 平均负荷和高峰负荷时的产量;

(2) 某种产品的生产周期、交货期和平均生产流程时间;

(3) 机器设备、工人和制造资源的利用率;

(4) 设备和系统引起的排队和延迟;

(5) 在制品工件(work in process,WIP)的平均数量;

(6) 工作区的工件等待数量;

(7) 人员安排的要求;

(8) 调度系统的效率；
(9) 生产切换与调整费用；
(10) 生产费用与工人成本。

生产系统的规划设计和运行管理是一项十分复杂的任务，尤其是大型生产系统。生产系统建模与仿真作为一种系统分析方法，通过建立生产线模型，能够将生产资源、产品工艺路线、库存、运作管理等信息动态结合，基于仿真对生产线的结构布局、生产计划、作业调度及物流情况进行分析，通过对分析结果的综合评估，验证结构布局、生产计划和作业调度方案的合理性，评估生产线能力和生产效率，分析设备的利用率，平衡设备负荷，解决生产瓶颈问题，从而为工厂、车间或生产线的规划，资源配置与设备布局，生产的计划制订及作业调度安排，提供可靠的科学依据。

下面以一个实际生产系统为例，讨论生产系统建模与仿真技术在智能制造领域的应用。

**3. 随机生产系统建模与仿真实例**

1) 系统描述

某一生产线有 6 个工位。其中，4 个手工工位由各自的操作员负责，而 2 个自动化工位则共用一个操作员，相邻工位之间有储存架用于临时存放工件。6 个工位的次序及任务如下。

工作站 1：第一个手工工位，组装起始位；

工作站 2：手工装配工位；

工作站 3：手工装配工位；

工作站 4：自动化装配工位；

工作站 5：自动化测试工位；

工作站 6：手工包装工位。

每个班次安排所有的操作员在同一时段进行半小时的午餐，此时所有的手工工位被中断，午餐后继续。但自动化工位的机器在操作员午餐时可以继续工作。

手工工位的操作员每次将一台产品放到工作台，完成任务后将其卸载并放入下一个工位的在制品储存区。操作员完成装载和卸载分别需要 10 s 和 5 s 时间。

自动化工位由机器自动完成装配或测试工作，操作员通过机器装载和卸载分别需要 10s 和 5s 时间，装载后机器自动加工而无需操作员的进一步干预，除非发生故障。

手工或自动化工位都可能出现工具损坏的情况，从而导致计划外的停工期和无法预料的额外工作。而且所有的工位只要处于停工期内，如果需要维修，都由操作员完成。这种中断/继续的规则适用于操作员任务，包括装配工作、零件补给和停工期内维修。

相邻工位之间的在制品储存架容量是有限的。如果某工位完成了该产品的装配任务而下一个工位的储存架已放满，则该产品必须滞留在本工位。初始设计中，储存架的容量如表 7-1 所示。在本例中,假设工位 1 前面的在制品储存架有 4 个单元且一直保持满额(说明:既然假设储存架一直是满额的,那么它的既定容量就不起作用)。

表 7-1 起始配置的在制品储存架容量

| 工位前的储存架号 | 1 | 2 | 3 | 4 | 5 | 6 |
|---|---|---|---|---|---|---|
| 储存容量 | 4 | 2 | 2 | 2 | 1 | 2 |

表 7-2 给出了每个工位的总装配时间和零件补给时间,还有每批零件的数目。手工工位的装配时间是在表 7-2 给定数值的基础上可以上、下浮动 2s,浮动值服从均匀分布。不是每件产品都需要零件补给,但在装配完一批需要补给零件时,应考虑补给时间。

表 7-2 每个工位的总装配时间和零件补给时间

| 工作站 | 装配时间/s | 零件编号 | 每批零件补给时间/s | 每批零件的数量 |
|---|---|---|---|---|
| 1 | 40 | A | 10 | 15 |
| 2 | 38 | B | 15 | 10 |
| 3 | 38 | C | 20 | 8 |
| 4 | 35 | D | 15 | 14 |
| 5 | 35 | E | 30 | 25 |
| 6 | 40 | F | 30 | 32 |

此外,假定每个工位的停工期都是随机变量。手工工位 1~3 可能存在工具损坏或其他不可预知的问题,自动化工位偶尔也会发生阻塞或某些需要操作员解决的问题,而工位 6(包装)不考虑停工期。只考虑机器工作时才会发生故障,表 7-3 给出了故障时间(TTF)和维修时间(TTR)的分布假设,以及假设的平均故障时间(MTTF)、平均维修时间(MTTR)和维修时间的浮动。比如,工位 1 中的维修时间服从均值为 4.0±1.0min 的均匀分布,即在 3.0~5.0min 的均匀分布。

表 7-3 不可预见停工期的假设和数据

| 工位 | 故障时间(TTF) | 平均故障时间/min | 维修时间(TTR) | 平均维修时间/min | 维修时间浮动值 | 期望可利用率/% |
|---|---|---|---|---|---|---|
| 1 | 指数分布 | 36.0 | 均匀分布 | 4.0 | ±1.0 | 90 |
| 2 | 指数分布 | 4.5 | 均匀分布 | 0.5 | ±0.1 | 90 |
| 3 | 指数分布 | 27.0 | 均匀分布 | 3.0 | ±1.0 | 90 |
| 4 | 指数分布 | 9.0 | 均匀分布 | 1.0 | ±0.5 | 90 |
| 5 | 指数分布 | 18.0 | 均匀分布 | 2.0 | ±1.0 | 90 |

如果某工位已经完成一个产品的所有任务,但由于下游的在制品储存架已满而导致此产品无法离开此工位,这种情况即为工位阻塞。

如果某工位刚完成的产品已经离开而工位处于等待状态,但上一工序的在制品储存架是空的,即由于装配线上游原因导致此工位暂时没有需要处理的产品,这就是工作量不足的情况。不管是工作量不足还是阻塞情况,都会造成工位生产时间的浪费。

一名操作员同时服务于自动化工位 4 和 5,这就可能出现两个工位同时需要操作员的情况,进而触发工位的额外时间延迟,并通过"等待操作员"状态度量。

每个工位的阻塞、工作量不足和等待操作员,都将通过生产系统的建模和仿真,分析和解释产量不足的原因和存在的问题,并确定可能的改进方案。

该生产系统初始设计时考虑每个 8h 班次工作时间为 7.5h 的平均产量,期望值为 390 件。通过系统仿真分析工位利用率,包括繁忙或加工时间、空闲或工作量不足的时间、阻塞时间、不可预见的停工期及等待操作员的时间,以便发现生产系统的瓶颈并进行改进。

2)系统建模

每个工位都可看作是一个服务台,本例是 6 个串行服务台构成的生产系统。该系统的工位模型可分为 4 类:工位 1、工位 2 和工位 3、工位 4 和工位 5、工位 6。它们之间的约束包括两个方面,一是顺序约束,二是缓冲区容量约束。该系统的临时实体是待装配产品,永久实体是各个服务台。被装配的零件属于资源约束,而操作员的休息或机器故障维修是时间约束。这里采用实体流程图建模方法,建立该装配生产线系统的模型。

(1)工位 1。如图 7-11 所示,根据已知条件,工位 1 前的在制品储存架上始终存有待装配产品,保持满额状态而不必考虑其容量,因而图中未包括该 1 号储存架。显然,这是确保第 1 道工序进行的条件:有需要等待装配的工件。初始设置时,必须考虑有初始量。当进行第 1 道工序的操作时,只有本工位的操作员处于工作时间才能工作,否则工件只能处于等待状态。而一旦开始工作,操作员的第一步是从第 1 号储存架上取待装产品,需耗时 10s,为确定值。第 1 道工序的装配操作时间为 $(40\pm2)$s,其中 2s 为均匀分布,装配完成后产品进入后续储存架,其条件为后续储存架有空位,若有空位,操作员需耗时 5s,即工件延迟 5s 后进入后续储存架,否则工件需要等待,一直到有空位为止。将产品送入后续储存架后,本道工序的任务完成。接着判断是否到休息时间,若是,则下一次装配发生于休息之后(此时需要判断整个生产线的系统时钟时间);否则,判断是否到下班时间。若已到下班时间,则该道工序运行结束;若未到下班时间,则进入下一轮装配操作。

在该工位的处理流程中,如何解决故障发生及发生后的维修处理时间问题,可在进入该流程的开始预定下一故障发生的时间,其值服从均值 36.0min 的指数分布,经过一个流程后增加一个判断,即是否到故障发生的时间。如果到了,则下一装配任务延迟,延迟时间服从 $(4.0\pm1.0)$min 的均匀分布。

在该流程中,关于被装配的零件是否需要添加,可以在装配一次后进行判断。

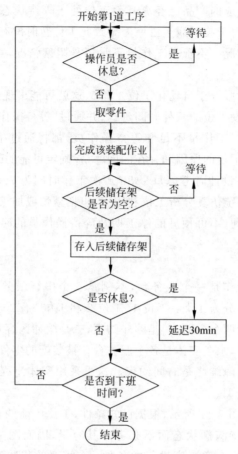

图 7-11  装配生产线工位 1 实体流程图

为此,还需要在流程中对 A 类零件进行计数,假设初值为 15 个,每次装配消耗一个,那么只能满足 15 次装配。由于加载零件需要的时间为 10s,不妨在装配 14 次后开始申请加载,以提高生产线的效率。

假设装配过程中发生故障,实体流程图应如何处理呢? 这是更复杂的问题。的确,实际生产系统完全有可能在装配操作进行过程中出现突发故障问题,为此,图 7-11 的实体流程图还需进一步完善,即每次装配前需要判断本次装配的持续时间范围内会不会发生故障。对于计算机建模与仿真来说,这个问题比较容易处理。因为故障发生的时间虽然是随机的,却是可以预定的。也就是说,在仿真模型中,预设故障发生的时间是已知的,因此只要本次装配操作的结束时间小于故障发生时间,本次装配操作可以正常进行。如果本次装配操作的结束时间不小于预设的故障发生时间,则必须将本次装配操作结束的时间延迟,延迟的时间长度为 $(4.0\pm 1.0)$min 均匀分布的随机变量。读者可根据这一思路进一步完善图 7-11。

(2) 工位 2 和工位 3。工位 2 和工位 3 的实体流程图相同,如图 7-12 所示,以下仅就它们与工位 1 的不同点作进一步说明。

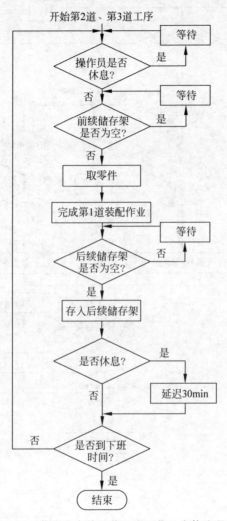

图 7-12 装配生产线工位 2 和工位 3 实体流程图

工位 2 和工位 3 的装配操作前提是其前一储存架上有待装配产品。如果没有，只能等待。其他操作流程与工位 1 相同，只是具体的装配操作参数值不同而已。

（3）工位 4 和工位 5。工位 4 和工位 5 由同一名操作员负责，采用实体流程图建模，图 7-13 给出了工位 4 和工位 5 实体流程图的基本描述。

该流程图的入口首先要判断操作员是否处于"闲"状态，如果操作员"闲"，表示可以承接操作任务，工艺处理方面工位 4 位于工位 5 之前，下一步判断工位 4 的机器是否可用。若工位 4 的机器可用，且有待装产品进入，则优先执行工位 4 的装配操作任务，包括从第 2 号储存架上取待装产品进行装配；如果没有待装产品，即第

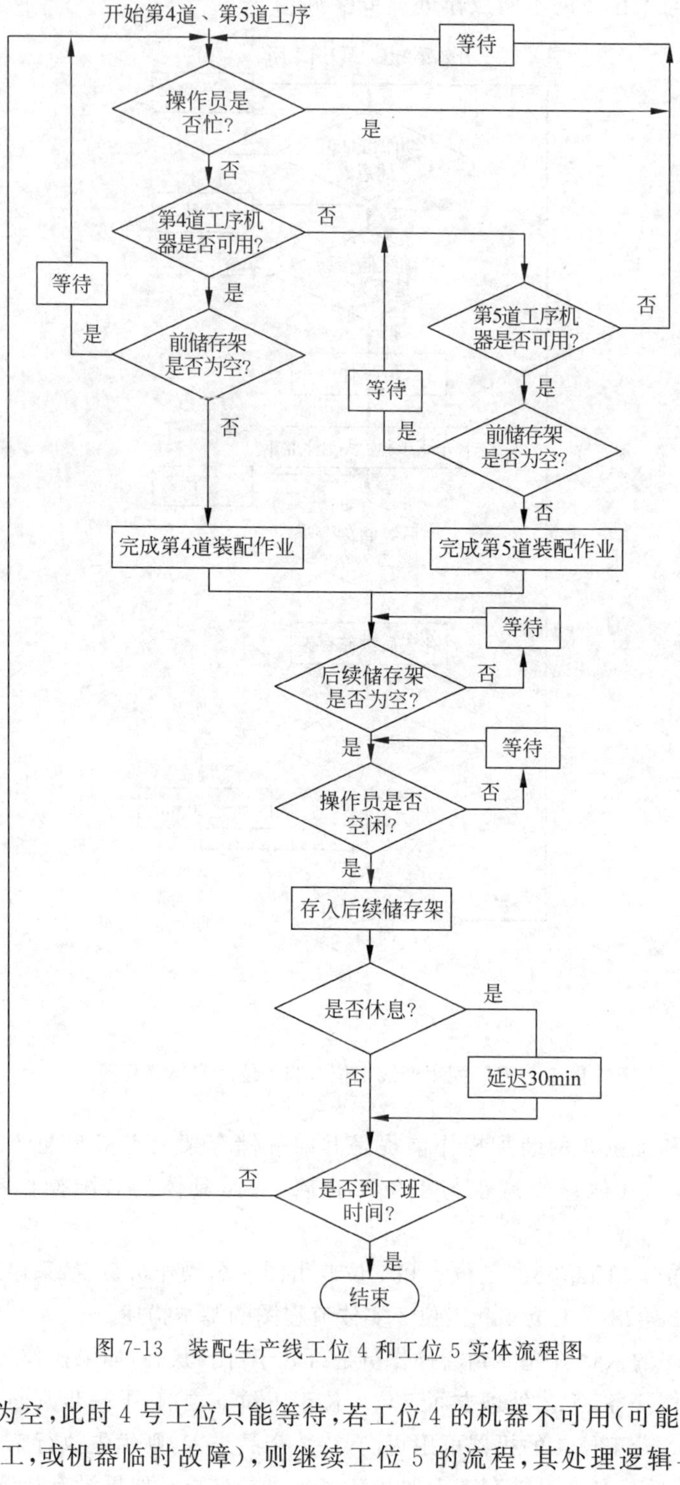

图 7-13 装配生产线工位 4 和工位 5 实体流程图

2 号储存架为空,此时 4 号工位只能等待,若工位 4 的机器不可用(可能当前的装配任务尚未完工,或机器临时故障),则继续工位 5 的流程,其处理逻辑与工位 4 相同。在装配操作完成后,需要操作员完成卸载,将刚完成装配的产品放入后续储存架上。这就需要判断操作员是否为"闲"状态,以及各自后续的储存架是否有空位。接着判断是否到休息时间,若是,则下一次装配发生在休息之后(此时需要判断整个生产线系统的仿真时钟时间);否则,要判断是否到下班时间。若到了下班时间,则该道工序本次运行结束;否则,进入下一轮装配操作。

同样,图 7-13 中并未包括故障处理、零件补给及装配期间发生故障的处理等问题。

(4) 工位 6。工位 6 是最后一道工序,其基本流程与工位 2、工位 3 相同,但不存在工具损坏这种随机故障导致的停工期。图 7-14 是工位 6 实体流程图的基本描述,这里不再赘述。

从上述 6 个工位模型的实体流程图描述可以看出,该装配线仿真系统的约束条件较多,表现出来的条件分支较多,如果用活动周期图法描述,模型在某些工位则变得比较简单,如工位 4、工位 5 就是如此,有兴趣的读者不妨尝试一下。

6 个工位的模型建立以后,还需要建立整个装配线的系统模型。这个工作对本系统来说比较简单,因为它只是一种流水线型的装配生产线,而且无须考虑某个工位出现废品等场景。图 7-15 给出了整个系统的实体流程图。

基于上述实体流程图描述的模型进一步建立仿真模型,可采用商用仿真软件或高级编程语言实现。这里不对仿真建模工具进行讨论,只是对仿真建模策略提出建议。

由于给出了实体流程图描述的系统模型,因而采用事件调度法进行仿真模型的映射比较方便。首先定义每个工位的永久实体、临时实体、状态、事件,以及条件判断、解结规则等,本系统有多个串行服务台[1→2→3→(4,5)→6],还有一个串、并行服务台(4,5),因此,在分别映射每个工位模型的基础上,对变量进行统一描述,再对流程逻辑进行统一规范,并定义整个系统的解结规则。例如,待装配产品对于每个工位来说都是临时实体,其到达事件将激活每个工位处理该事件的子例程。为确定到底是哪个工位的临时实体到达,在定义事件类型的属性中可能需要一个二维数组 $A(i,j)$,其中 $i$ 表示事件类型(比如"1"表示临时实体到达事件,"2"表示临时实体离去事件等),$j$ 表示工位编号,则属性 $A(1,2)$ 表示第 2 号工位的到达事件,$A(2,4)$ 表示第 4 号工位的离去事件,以此类推。

由于系统中的事件类型较多,解结规则的定义十分重要,以免出现错误。例如,假设第 2 号工位的离去事件与第 3 号工位的到达事件同时发生,那么应该优先处理哪个事件呢? 如果前者优先,则可能因后续储存架"已满"而无法存入,进而造成第 2 号工位阻塞,降低生产率;反之,如果后者优先,则可能出现因前储存架"缺货"而无件可取,进而造成第 3 号工位怠工,等等。这些往往是复杂离散事件系统仿真中需要解决的问题。

相对而言,用事件调度法将实体流程图描述的模型映射为仿真模型比较直观,

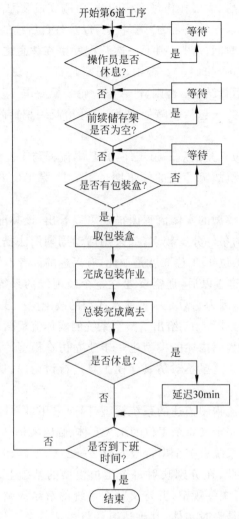

图 7-14 装配生产线工位 6 实体流程图

特别是使用高级语言编程时,更是如此。这里不再赘述,有兴趣的读者可以以此例进行练习,使用高级编程语言编写仿真模型并进行仿真验证。

进一步分析该生产系统的实体流程图模型发现,每个工位的模型中有许多条件分支需要处理,在仿真中就是条件事件,而且部分条件事件中活动持续的时间难以直接预定。正如第 4 章中讨论的那样,这类系统适用于通过活动扫描法或三阶段法建立仿真模型。为此系统建模宜采用活动周期图法。

如果采用商用仿真软件建立仿真模型,则需要事先了解该商用仿真软件的仿真建模策略,再确定系统建模的方法,从而大大减少模型开发的时间。

3)系统仿真

仿真模型建立后即可进行仿真实验,以评估该生产系统的性能。仿真的目标

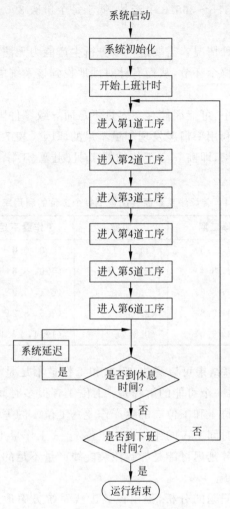

图 7-15 整个装配生产线系统实体流程图

是分析该装配线生产系统每个班次的产量能否达到 390 台。

下面进行仿真实验设计。该生产系统规定了每个班次的生产时间,需要估算系统的稳态性能,通常有两种实验处理办法:①设生产系统的初始状态为空(第 1 号储存架除外),按每天一个 8h 班次进行生产作业,采用多次重复法进行仿真运行,独立运行多次(如 10 次),统计计算每班的平均产量;②设生产系统的初始状态为空(第 1 号储存架除外),连续 5 天 24h 进行仿真实验,重复运行 10 次,每次进行 2h 的预热和初始化,计算每个班次的平均产量。

采用第二种实验方案进行仿真实验,具体过程不再讨论。按 95% 的置信区间($CI$)得到的分析结果是:

95% 置信区间($CI$)的平均产量:(364.5,366.8) 或 365.7±1.14。

这表明,该装配线系统在当前配置条件下,以 95% 的置信度设计的每 8h 班次的平均产量估算为 364.5～366.8 个产品,低于每个班次 390 个产品的设计产量目标要求。

为什么会出现这种情况？需要进一步分析生产能力无法满足目标要求的生产瓶颈问题究竟发生在哪个环节,从而有针对性地找到该系统的改进设计方案。

4) 瓶颈分析

在有些生产系统中,可能因储存架容量不足而导致零件阻塞或加工工位等待。可以通过分析工位的利用率情况发现产量不足的原因。表 7-4 给出了以 95% 的置信区间仿真分析的结果,即前 5 个工位的停工期、阻塞、工作量不足及等待操作员的时间所占的比例。

表 7-4 装配线系统原有配置下每个工位的利用率(%)

| 工位号 | 停工期 | 阻塞 | 工作量不足 | 等待操作员 |
| --- | --- | --- | --- | --- |
| 1 | (8.8, 9.6) | (11.4, 12.5) | (0.0, 0.0) | (0.0, 0.0) |
| 2 | (8.2, 8.4) | (8.0, 8.8) | (4.9, 5.6) | (0.0, 0.0) |
| 3 | (7.9, 8.6) | (9.9, 10.4) | (6.1, 6.9) | (0.0, 0.0) |
| 4 | (8.9, 9.6) | (2.0, 2.8) | (7.5, 8.2) | (13.1, 14.4) |
| 5 | (8.3, 9.0) | (0.0, 0.2) | (19.4, 20.4) | (3.9, 4.7) |

从表 7-4 中的仿真结果可以看出,阻塞和工作量不足是导致装配线产量不足的部分原因。此外,另一个可能的解释是：工位 4 有很多时间用于等待操作员(该操作员要同时进行工位 4 和工位 5 的生产作业),工位 4 的等待延迟可能造成前面工位 3 的阻塞。阻塞时间所占的比例高于工位 1～3 工作量不足所占的比例,这表明下游的生产作业任务延迟可能是导致该装配线产量不足的一个重要瓶颈。

5) 系统改进的措施

基于上述对瓶颈问题的分析,提出该装配线系统方案改进的建议如下：①工位 4 和工位 5 安排两个操作员,替代当前只有一个操作员的方案;②增加储存架在制品缓冲的容量。增加在制品缓冲区储存架的容量和操作员人数,必然会增加费用,一般优先考虑前者。该装配线若已经达到每个生产班次 390 个产品的设计目标,则尽可能使缓冲区总量最小化。当增加缓冲区容量难以有效解决问题或成本过高时,再考虑增加 1 名操作员。

6) 改进方案的进一步分析

下面采用一种综合的改进方案对该装配线进行进一步分析,即为工位 4 和工位 5 增加一名操作员,同时在工位 2～6 之间增加适当的储存架,表 7-5 中给出了 12 种配置方案,并对该改进方案进行分析。

在此装配线 6 个工作站的模型中,每个工作站的加工时间、TTF 和 TTR 都按统计分布进行建模。为了易于分析比较,可采用公共随机数技术,每个随机变量源都是确定的,且分配了专门的随机数流,即共定义了 18 个随机数流(每个工作站使用 3 个)。以这种方式,无论仿真运行实验是哪种配置,每个工作站的随机停工期都相同。基于给定的重复运行次数,经多次仿真运行,即可得到系统性能差别的置信区间。

表 7-5 装配线系统改进的备选方案每班平均生产量增加值比较

| 配置方案 | 工作站 4 和工作站 5 的操作员数量 | 缓冲区容量 | | | | | 每班平均产量增加值 | | |
|---|---|---|---|---|---|---|---|---|---|
| | | 2 | 3 | 4 | 5 | 6 | 总量 | 均差 | CI 下限 | CI 上限 |
| 改进前 | 1 | 2 | 2 | 2 | 1 | 2 | 9 | 0 | 0 | 0 |
| 1 | 2 | 3 | 3 | 3 | 2 | 2 | 13 | 31.7 | 30.3 | 33.1 |
| 2 | 2 | 3 | 3 | 3 | 2 | 3 | 14 | 31.7 | 30.4 | 33.0 |
| 3 | 2 | 3 | 3 | 3 | 2 | 2 | 13 | 30.0 | 28.6 | 31.3 |
| 4 | 2 | 3 | 3 | 3 | 1 | 3 | 13 | 29.8 | 28.6 | 31.0 |
| 5 | 2 | 3 | 3 | 2 | 2 | 2 | 12 | 29.7 | 28.1 | 31.3 |
| 6 | 2 | 3 | 3 | 2 | 2 | 2 | 12 | 29.5 | 28.1 | 31.0 |
| 7 | 2 | 3 | 3 | 2 | 2 | 2 | 12 | 26.6 | 25.4 | 27.9 |
| 8 | 2 | 2 | 3 | 2 | 2 | 2 | 12 | 26.6 | 25.1 | 28.1 |
| 9 | 2 | 3 | 3 | 2 | 2 | 3 | 13 | 26.6 | 25.0 | 28.1 |
| 10 | 2 | 3 | 3 | 2 | 2 | 2 | 12 | 26.5 | 25.0 | 28.0 |
| 11 | 2 | 3 | 3 | 2 | 2 | 2 | 12 | 26.4 | 25.3 | 27.5 |
| 12 | 2 | 3 | 3 | 2 | 1 | 2 | 11 | 26.3 | 25.1 | 27.5 |

表 7-5 中给出了 12 种配置的仿真结果。可以看到,在改进方案的各种配置下,该装配线生产系统每个班次的产量和原始配置相比较的产量增加值,且 95% 置信区间(CI)的下限值不低于 25.0。

对照前面估算的 95% 置信区间(CI)的原始配置,每班平均产量的区间为 (364.5,366.8),按保守原则考虑,需要每班增加产量(390−364.5)个=25.5 个产品。因此,表 7-5 中的前 6 个配置方案有可能成为获得期望产量的候选改进方案。

注意,在目前可选的改进方案配置中,都是为工位 4 和工位 5 配备两名操作员。实际上,如果工位 4 和工位 5 只有一名共同操作员,仿真结果表明,无论缓冲空间如何加大,都不可能达到每班 390 个产品的设计目标。

接下来对表 7-5 中的前 6 个方案进行进一步分析,可以发现:方案 2 的第 6 个缓冲区容量比方案 1 多一个,但每班平均产量基本上无差异,可见没必要将第 6 个缓冲区容量从 2 个单元上升为 3 个,显然方案 1 的配置更好;同样,方案 1 与方案 3、方案 4 比较,缓冲区总数相同,但方案 1 可以提高的每班生产量更多;方案 5 稍优于方案 6。最后,比较方案 1 与方案 5,前者需要多配置一个缓冲区,但其每班平均产量较后者显著增加,此时选择哪一个方案,需要考虑是倾向于优先增加产量,还是偏向于控制装配线的投资约束。

**4. 某轿车总装生产线的仿真应用**

下面以我国某轿车企业的实际总装生产线为例,说明生产线仿真技术在智能制造领域和企业现代生产中的工程应用。

生产系统仿真主要是对生产线布局、制造过程、生产物流等进行建模与仿真,在虚拟环境下对复杂生产系统进行性能分析与系统优化。例如,产线布局需要充分考虑每道工序的生产效率与时间定额,满足各工序之间的生产平衡,尽量利用设备产能,考虑在制品暂存区、原材料存放区、缓冲区等作业单元的合理化,提高生产柔性以适应多品种生产的要求,同时在满足生产工艺的前提下,尽量缩短生产物流的运输距离与搬运时间。

汽车装配线是由输送设备和专业设备构成的有机整体,使输送系统、随行夹具和在线专机、检测设备形成一个生产设备的合理化布局。汽车整车装配线主要包括:输送设备,发动机和前后桥等各大总成上线设备,各种油液加注设备,出厂检测设备及专用汽车装配线设备。其中,输送设备用于汽车总装配线、各分装线及大总成上线的输送;大总成上线设备是指发动机、前后桥、驾驶室、车轮等总成在分装、组装后送至总装配线,并在相应工位上线采用的输送、吊装设备;油液加注设备包括燃油、润滑油、清洁剂、冷却液、制动液、制冷剂等各种汽车装配线加注设备;出厂检测设备通常包括前束试验台、侧滑试验台、转向试验台、前照灯检测仪、制动试验台、车速表试验台、排气分析仪等。人与机器在总装过程中的有机结合是汽车装配线的特点之一。

在汽车总装生产线这类专业化生产系统的规划方面,柔性与多样性是其重点和难点问题。结合市场需求的变化特点和智能制造的发展方向,汽车装配线需要适应多品种变批量的生产方式,面临生产任务的变化、订单的灵活插入、快速响应市场需求等问题。因此,针对单一品种生产目标建设的轿车生产线,长远来看需要考虑混流生产,最终建立起一个灵活的柔性制造系统,能够随时满足用户订货和多品种乃至个性化生产的要求。

生产系统仿真过程总体上可分为三个阶段:仿真规划、系统建模和仿真优化。在仿真规划阶段,需要明确仿真所要解决的问题,收集需要的资料;系统建模阶段包括对生产系统及涉及的生产流程进行建模;仿真优化则根据仿真分析的结果对整个生产系统进行优化调整。生产系统的建模与仿真是一个非常复杂的过程,不仅需要专业生产线仿真软件的支持,还需要对生产线的布局、工艺、流程等进行深入的了解。目前生产线仿真的相关软件较多,如 Plant Simulation、Flexsim、Delmia 等,本书因篇幅所限不再展开介绍。

生产系统仿真是以离散事件仿真技术为工具,对生产系统进行系统运行、调度及优化,以验证不同的生产计划和工艺路线。同时,很多生产系统在某些主体方面表现为离散系统,而在另一些方面表现为连续系统,对系统的完整描述应包含这两方面的特征。因而,对复杂系统进行的连续系统仿真与离散系统仿真相结合的混合仿真是现代仿真技术研究领域的重要内容,虚拟仿真环境需要集成连续系统仿真和离散系统仿真,以支持混合仿真的复杂应用。

下面以某轿车的实际总装生产线为例,首先在计算机内建立了该总装生产线的虚拟三维制造环境,进行机床、机器人、工具库、工件库、物料输入输出装置的布局和选配,并检验布局的合理性;其次根据每个工位的类型,检验它们的工作空间;再次对不合理的工作台和机床的布局进行调整;最后进行生产作业过程和物流输送过程的动态仿真。图 7-16 为该汽车总装车间生产线后视图的仿真场景。

图 7-16 某汽车总装车间的生产线虚拟布局

在该实例中,对总装生产线的动力总成模块(包括分装、合装线)进行重点分析。这是目前实际生产中遇到问题最多和最难规划的地方,包括工作空间分析、布局重组分析与优化、多品种小批量的实现、与合装线的匹配等问题。通过动态仿真及时发现了实例设计和布局方面的一些缺陷,解决了瓶颈问题,经修改最终顺畅实现了系统的作业要求。

还可以通过仿真确定工作单元布局、验证生产线的运作、分析静态工作点、开展图形化的线平衡分析、分析工作站性能、优化工作站配置、调试调度方案,确定工作间内所有部件的精确位置,以及人的碰撞检测、可及性校验。

生产过程仿真与优化可以基于数字化建模与仿真技术,对车间级、调度级、具体的加工过程及各制造单元等层次的生产活动进行仿真验证,并对企业生产车间的设备布置、物流系统进行仿真设计,达到缩短产品生命周期与提高设计、制造效率的目的。根据新产品的工艺仿真实现装配过程,既可以分析评价新产品设计的装配工艺在工位负载、资源分配、生产时间方面的安排是否合理,也可以仿真分析现有生产过程对新产品的适应程度。根据生产作业计划、产品装配工艺等具体参数，以动画方式动态、直观地显示总装生产过程的运行状态，为生产过程性能分析提供基础数据。

从以上典型应用的实例分析中可以看出，系统仿真不仅能对生产系统的性能进行评价，还能辅助决策过程，实现生产系统的优化运行。在生产系统的规划设计阶段，通过仿真可以选择生产系统的最佳布局和配置方案，以保证系统既能完成预定的生产任务，又具有良好的经济性、生产柔性和可靠性，并避免因设备布置不合理而造成额外经济损失。在生产系统运行阶段，通过仿真试验可以预测生产系统在不同调度策略下的运作性能，从而确定合理、高效的作业计划和调度方案，并找出系统的瓶颈环节，充分发挥生产系统的生产能力，提高其运作效率和经济效益。

总之，生产系统是离散事件系统建模与仿真的重要应用领域之一。生产系统仿真具体的应用场景较多，如生产线设备的布局、生产系统的配置、生产计划的排产、生产作业的调度、生产过程的优化等，需要根据生产系统的实际情况建立计算机仿真模型，并对该模型在多种可能条件下的仿真实验和数据进行分析，对生产系统的性能进行评价，找出系统的瓶颈环节，实现生产系统的优化运行，提高生产系统的产能效率和经济效益。

本节介绍了离散事件系统方法在生产系统建模与仿真中的实际应用，使读者对该类系统仿真问题有一个比较全面的认识。

# 第 8 章

# 现代仿真技术的发展

仿真技术在许多复杂工程系统的分析和设计中逐渐成为不可缺少的工具。进入 21 世纪以来,复杂系统仿真已逐步形成一套综合性的理论方法和技术体系,正向着"数字化、虚拟化、网络化、智能化、服务化、普适化"特征方向发展。

## 8.1 分布仿真环境

网络化仿真技术泛指以现代网络技术为支撑条件,实现系统仿真运行试验、评估分析等活动的一类技术。网络技术与系统仿真的结合为各类仿真应用对仿真资源的获取、使用和管理提供了巨大空间,通过网络解决仿真过程中各类资源(如计算资源、存储资源、软件资源、数据资源等)的动态共享与协同应用,同时为仿真领域中诸多挑战性难题提供以网络为基础的技术支撑,如复杂系统仿真应用的协同开发、仿真模型和服务的动态管理、仿真资源的虚拟化服务、仿真运行过程的安全协调、仿真计算资源的优化调度和负载均衡等。

网络化仿真技术经历了 SIMNET、DIS、ALSP 和 HLA 等主要发展阶段。

分布仿真技术出现于 20 世纪 80 年代,起初主要源于美国军事领域的研究和应用。当时随着军事需求与技术的发展,其军事部门开始考虑将已有分散在各地的单武器平台仿真系统,通过信息互联构成多武器平台的仿真系统,进行武器系统作战效能分析的研究。1983 年,提出通过 SIMNET(simulation networking)计划的开发与实施,将分散在各地的坦克仿真器通过计算机网络连接起来,进行各种复杂作战任务的训练和演习。在武器系统研制过程中,用虚拟样机代替物理样机试验,使新技术、新概念、新方案在虚拟战场中反复进行试验和分析比较,且武器研制部门与未来的武器使用部门通过互联网加强早期协作,用户能尽早介入武器研制过程,使新装备更适合军方需要,比使用物理样机更经济、省时。

1989 年,美国军方研究了聚集级仿真协议(aggregate level simulation protocol,ALSP),它是支持聚集级军事数字仿真器间互操作的通用协议。在 SIMNET 和 ALSP 的基础上,出现了分布交互仿真(distributed interactive simulation, DIS)，它能够支持多种仿真器（如实物、半实物等）之间的互操作。DIS通过协议数据单元（protocol data units, PDU）方式定义了仿真模型之间的通信标准（IEEE 1278 和 IEEE 1278.2），每个仿真单元的全部状态通过 PDU 广播发送出去，数据收集单元可接收仿真单元任意时刻状态的完整信息。但 PDU 中包含大量固定不变的信息，或接收者不需要的信息，这些信息的反复传递增加了网络负荷，也增加了仿真器信息处理的系统开销。

1991 年，美国国防部成立了建模与仿真办公室，专门进行分布仿真的研究工作，它的一个重要成果就是高层体系结构（high level architecture, HLA）。尽管 HLA 最初建立时只针对军事仿真领域，但它也可以应用于其他领域的仿真。1998 年，HLA 成为国际标准，并继续发展和不断改进。

分布式交互仿真是一种基于计算机网络的先进仿真技术。分布交互仿真系统结构上可视为由仿真节点和计算机网络组成。仿真节点本身可以是一台独立的仿真计算机，也可以是一个仿真应用子系统。仿真节点不仅要完成本节点的仿真任务，如运动学、动力学模型的计算，或者人机交互、仿真图形或动画的生成等，还要负责将本节点的相关交互信息发送至其他节点，并接收其他节点发来的交互信息，作为执行本节点任务时的输入或仿真条件。

分布式仿真系统的硬软件资源采取分布控制与管理的方式，支持多个子系统仿真任务的协调统一执行。对于计算量巨大的仿真任务，可将其均衡分配到多台计算机上，以提高仿真效率；对于分布在不同地方、不同计算机上的仿真模型，通过网络将其连接，共同实现仿真任务，而无须移动这些仿真软件和硬件或者重新开发。在分布仿真系统中，复杂的仿真模型可分解为多个子模型，分布运行于多台计算机，以获得更高的执行效率和更强的灵活性。

目前，分布式仿真技术侧重于两个方面：一是仿真模型和实验任务的并行化与分配；二是建立高效的分布仿真环境。仿真系统开发过程往往是一个迭代的过程，包括确定仿真目标、建立数学模型、设计仿真程序、调试仿真模型、仿真运行试验、分析仿真结果、修改模型和再次运行等，需要一个分布、开放的仿真开发环境，并将仿真系统开发过程中各阶段的工作（如建模、验模、算法选取、仿真运行、分析处理和数据管理等）有机结合起来，提供一个开放式、便于功能扩展的仿真系统平台，是分布式仿真技术发展的主要目的。

## 8.2 复杂系统建模与仿真

智能制造是当今制造业发展的趋势和产业升级的主要途径。5G、物联网、云计算、大数据、人工智能等新一代信息技术，为智能制造提供了基础条件和发展空间。

信息物理系统，国内也有学者称之为信息物理融合系统，将成为先进制造业的核心支撑技术。从CPS构成的角度看，物联网是物理世界与信息世界的接口，它将物理世界中人与物的状态信息实时反映到信息世界，在信息世界中重构一个与物理世界高度吻合的虚拟世界，从而形成虚实融合的数字孪生系统，通过虚拟环境中的仿真分析和性能预测，以最优结果驱动物理世界的运行。

在智能制造领域，CPS通过构建一个与实物制造过程相对应的虚拟制造系统，实现产品研发、设计、试验、制造、服务的虚拟仿真，从传统上生产制造过程以"试错法"为主体的方式，转化为基于数字仿真的方式，以优化制造过程，这实际上是一种通过数据驱动的方式提高生产制造效率、加强质量管控的能力。随着CPS技术的发展和应用，研发设计过程中的试验、制造、装配都可以在虚拟空间中进行仿真，并实现迭代、优化和改进。在CPS技术与系统的支持下，以数据驱动、软件定义、平台支撑更好地支持物理系统的实际制造过程，无论是产品、设备，还是工艺流程，都将以数字孪生的形态出现，虚拟仿真在制造领域的应用将逐渐涵盖复杂产品的设计研发、制造过程、服务运营的全流程，实现更短的研发周期、更低的制造成本、更高的产品质量和更优的客户体验。

智能制造中的数字化、网络化、智能化，是实体制造与虚拟制造的数字孪生和虚实融合。数字孪生体是指计算机虚拟空间存在的与物理实体完全等价的信息模型，可以基于数字孪生体对物理实体进行仿真分析和优化。它充分利用物理模型、传感器更新、运行历史等数据，集成多学科、多物理量、多尺度的仿真过程，在虚拟空间中完成映射，从而反映相应的实体装备的全生命周期过程，建模与仿真是其关键的支撑技术。

信息物理融合的复杂产品协同仿真系统是一个综合模型集成、高效计算、网络通信和协同交互的多层次、多维度复杂系统。CPS环境下复杂产品建模与仿真将面临新的挑战，仿真系统从微观到宏观，在多尺度范围进行模型集成、协同计算和仿真分析，具有多时间和多空间尺度的复杂性与系统交互的并发性。

## 8.3　数字孪生技术

近年来，数字孪生成为智能制造技术领域的研究热点。数字孪生作为一种新兴的技术体系，利用物理模型、传感器、数据分析，集成多学科、多尺度的仿真过程，建立虚拟空间中对制造实体的镜像，通过大数据分析、人工智能等新一代信息技术，在虚拟空间对制造系统进行仿真分析和优化控制。数字孪生的技术应用，目前产品设计、制造过程等领域对数字孪生技术应用的关注较多。数字孪生是CPS实现物理系统与信息系统交互融合的核心技术思想。数字孪生技术的重要意义在于，它实现了物理系统和信息系统中数字化模型的交互，将物理系统的状态反馈回信息系统，基于数字化模型进行各类仿真、分析、数据挖掘甚至人工智能的应用。

数字孪生包括三个组成部分：物理系统、虚拟空间的信息系统、物理系统和虚拟系统之间数据与信息的交互接口。数字孪生背后是建模和仿真技术。

目前,数字孪生技术已经在一些世界著名企业中进行了技术开发和应用实践。例如:数字孪生最早的应用研究始于2011年美国航空航天领域对飞行器结构体的寿命管理,其利用数字孪生,将流体动力学模型、结构动力学模型、热力学模型、应力分析模型和疲劳裂纹模型等传统的仿真机理模型,无缝链接到统一结构的超逼真模型中,并与所有可用的历史数据集成,形成数字孪生系统,用于飞行器的结构可靠性分析和健康状况监测。美国国家航空航天局(NASA)在阿波罗项目中,使用空间飞行器的数字孪生对飞行中的空间飞行器进行仿真分析,监测和预测空间飞行器的飞行状态。在这一应用中,数字孪生创建了与物理系统对应的数字化虚拟模型,虚拟模型能够对物理实体进行仿真分析,并能根据物理系统运行的实时反馈信息对其运行状态进行监控,根据采集的物理系统运行数据完善虚拟系统的仿真分析算法,从而对物理系统的后续运行评估和改进提供更精确的决策依据。西门子公司基于数字孪生规划和验证生产过程、进行工厂布局,以及生产设备的仿真与预测,通过虚拟系统控制物理系统,将可编辑控制器代码下载到车间的物理设备,实现自动化集成;通过Mindsphere可随时监控所有机器设备,构建生产和产品及性能的数字孪生,实现对实际生产的分析与评估。ANSYS公司构建工业泵的数字孪生,在泵上布置加速度、压力、流量等传感器,与控制器采集的数据共同支撑泵数字孪生模型的构建,基于模型的动态交互提供实时检测、故障预警与维修服务。

欧洲空中客车公司为提高装配的自动化程度,在飞机组装过程中使用了数字孪生技术。在机身结构的组装过程中,因为碳纤维增强基复合材料组件要求组装过程中的剩余应力不得超过阈值。为减小剩余应力,专门开发了基于数字孪生技术的大型构件装配系统,对装配过程进行自动控制:一是其数字孪生模型除了实际零部件的三维CAD模型,还包括传感器、组件的力学模型及形变模型;二是在该装配系统中,不仅针对各组件建立相应的数字孪生体模型,同时针对系统本身建立相应的数字孪生模型,后者可为每个装配过程提供预测性仿真;三是虚实交互与孪生体的协同工作。在装配过程中,多个定位单元均配备传感器、驱动器与控制器,各个定位单元在收集传感器数据的同时,还需与相邻的定位单元配合。传感器将获得的待装配体的形变数据与位置数据传输到定位单元的数字孪生体,孪生体通过对数据的处理计算相应的校正位置,在有关剩余应力值的限制范围内引导组件的装配过程。

目前工业领域关于数字孪生技术的开发与工程实践,大多通过原有的仿真软件与数字孪生进行融合扩展,推动仿真技术与数字孪生的发展与应用。

# 参考文献

[1] 肖田元,范文慧.系统仿真导论[M].北京:清华大学出版社,2010.
[2] 王精业,谭亚新,孙明,等.仿真科学与技术原理[M].北京:电子工业出版社,2012.
[3] 党宏社.系统仿真与应用[M].北京:电子工业出版社,2018.
[4] 徐享忠,于永涛,刘永红.系统仿真[M].北京:国防工业出版社,2012.
[5] 肖田元,范文慧.离散事件系统建模与仿真[M].北京:电子工业出版社,2011.
[6] 熊光楞.协同仿真与虚拟样机技术[M].北京:清华大学出版社,2004.
[7] 中国仿真学会.2049年中国科技与社会愿景:仿真科技与未来仿真[M].北京:中国科学技术出版社,2020.
[8] 朱文海,郭丽琴.智能制造系统中的建模与仿真:系统工程与仿真的融合[M].北京:清华大学出版社,2021.
[9] 徐宝云,王文瑞.计算机建模与仿真技术[M].北京:北京理工大学出版社,2009.
[10] 郭齐胜,徐享忠.计算机仿真[M].北京:国防工业出版社,2011.
[11] 廖守亿.计算机仿真技术[M].西安:西安交通大学出版社,2015.
[12] LAW A M.仿真建模与分析[M].4版.肖田元,范文慧,译.北京:清华大学出版社,2012.
[13] VELTEN K.数学建模与仿真:科学与工程导论[M].周旭,译.北京:国防工业出版社,2012.
[14] 吴重光.系统建模与仿真[M].北京:清华大学出版社,2008.
[15] 李剑峰,汪建兵,林建军,等.机电系统联合仿真与集成优化案例解析[M].北京:电子工业出版社,2010.
[16] 于浩洋,王希凤,初红霞.MATLAB实用教程:控制系统仿真与应用[M].北京:化学工业出版社,2009.
[17] 吴忠强,刘志新,魏立新,等.控制系统仿真及MATLAB语言[M].北京:电子工业出版社,2009.
[18] 王正林,郭阳宽.MATLAB/Simulink与过程控制系统仿真[M].北京:电子工业出版社,2012.
[19] 佩奇.模型思维[M].贾拥民,译.杭州:浙江人民出版社,2019.
[20] 李兴玮,邱晓刚.计算机仿真计算技术基础[M].北京:国防科技大学出版社,2006.
[21] 张霖.关于数字孪生的冷思考及其背后的建模和仿真技术[J].中国仿真学会通讯,2019,9(4):58-62.
[22] 王精业,杨学会,徐豪华,等.仿真科学与技术的学科发展现状与学科理论体系[J].科技导报,2007,12:5-11.
[23] 梁思礼.面向复杂产品的多学科协同仿真算法研究[D].北京:清华大学,2009.
[24] 崔鹏飞.多学科异构CAE系统的协同方法与实现技术研究[D].北京:清华大学,2011.
[25] 陈晓波.面向复杂产品设计的协同仿真关键技术研究[D].北京:清华大学,2003.
[26] 王克明.多学科协同仿真平台研究及其应用[D].北京:清华大学,2005.
[27] 赵佳馨.复杂耦合系统的模型分析与仿真计算方法研究[D].北京:清华大学,2019.

[28] HEGAZY S. Multi-body dynamics in full-vehicle handling analysis under transient manoeuvre[J]. Vehicle System Dynamics,2000,34:1-24.

[29] 沈俊,宋健. 基于 ADAMS 和 Simulink 联合仿真的 ABS 控制算法研究[J]. 系统仿真学报,2007,19(5):1141-1143.

[30] ARNOLD M,CLAUSS C,SCHIERZ T. Error analysis and error estimates for co-simulation in FMI for model exchange and co-simulation V2.0[J]. Archive of Mechanical Engineering,2013,60(1):107-125.

[31] SCHWEIZER B,LU D. Semi-implicit co-simulation approach for solver coupling[J]. Archive of Applied Mechanics,2014,84(12):1739-1769.

[32] ZHAO J,WANG H,LIU W,et al. A learning-based multiscale modelling approach to real-time serial manipulator kinematics simulation[J]. Neurocomputing,2020,390:280-293.

[33] ZHANG H. A solution of multidisciplinary collaborative simulation for complex engineering systems in a distributed heterogeneous environment[J]. Science in China Series F:Information Sciences,2009,52(10):1848-1862.

[34] IEEE-SA Standards Board. IEEE Std 1516-2000. IEEE Standard for Modeling and Simulation (M&S) High Level Architecture (HLA)—Object Model Template (OMT) Specification[S]. New York:The IEEE Inc. 2000.

[35] WANG H,ZHANG H. A distributed and interactive system to integrated design and simulation for collaborative product development[J]. International Journal of Robotics and Computer-Integrated Manufacturing,2010,26(6):778-789.

[36] 李伯虎,柴旭东. 复杂产品虚拟样机工程[J]. 计算机集成制造系统,2002,8(9):678-683.